普通高等教育一流本科专业建设成果教材

过程设备设计方法与应用

曾　涛　石　艳　刘少北　主编

Design Method and Application of Process Equipment

化学工业出版社
·北京·

内容简介

本书主要阐述了流程工业中过程设备的设计方法，内容包括过程设备设计的基本流程与基本方法，并通过过程设备的实际工程案例介绍规则设计、分析设计的方法及常用软件的使用方法。本书由高校和企业专家联合编写，注重工程设计实际，有很强的实用性。

本书可作为过程装备与控制工程、安全工程等专业的本科课程教材、设计指导书，亦可作为机械、能源与动力类专业硕士课程参考教材，还可作为工程技术人员的参考书。

图书在版编目（CIP）数据

过程设备设计方法与应用/曾涛，石艳，刘少北主编. —北京：化学工业出版社，2023.1
ISBN 978-7-122-42844-8

Ⅰ.①过… Ⅱ.①曾… ②石… ③刘… Ⅲ.①化工过程-化工设备-设计 Ⅳ.①TQ051.02

中国国家版本馆 CIP 数据核字（2023）第 022624 号

责任编辑：丁文璇　　文字编辑：孙月蓉
责任校对：刘　一　　装帧设计：张　辉

出版发行：化学工业出版社（北京市东城区青年湖南街 13 号　邮政编码 100011）
印　　装：北京科印技术咨询服务有限公司数码印刷分部
787mm×1092mm　1/16　印张 9½　字数 230 千字　2023 年 1 月北京第 1 版第 1 次印刷

购书咨询：010-64518888　　售后服务：010-64518899
网　　址：http://www.cip.com.cn
凡购买本书，如有缺损质量问题，本社销售中心负责调换。

定　　价：45.00 元

前 言

过程设备是能源、化工、食品、制药、国防、航空航天、海洋工程等国民经济和高新技术领域不可或缺的关键设备。设计是生产设备的第一环节，需要根据设备在全寿命周期内的性能要求，运用工艺、机械、力学、材料、经济等多学科理论知识，制定可用于设备制造的技术文件。随着科技的发展，新材料、新工艺和新技术不断涌现，对设计人员的素质提出了更高要求。本书是四川轻化工大学国家级一流本科专业（过程装备与控制工程）建设成果教材。

本书主要特点是：

1.围绕产教融合，重点培养读者解决复杂工程问题的能力。本书提供了完整的从委托设计任务、确定设计目标到完成设计并交付全过程的成功工程案例，并在设计的关键步骤，结合设计理论和工程应用，详细阐述了设计中的关键技术问题和科学的处理方法。

2.全面结合实际设计中使用的专业设计软件进行讲解。本书遴选了过程设备主要结构、专业设计机构常用的设计软件，以成功工程案例为主线，结合专业理论，指导计算机辅助设计过程，让读者能举一反三，提高计算机辅助设计的能力。

3.响应国家战略和专业发展方向，设计案例和内容能反映过程装备行业最新的工程技术以及现代设计技术发展趋势。

本书由曾涛教授、石艳教授、刘少北博士主编，曾涛教授负责全书统稿和修改工作。参加编写的有四川轻化工大学曾涛教授（部分第 1 章、附录），石艳教授（第 2 章、第 5 章第 1 节、第 6 章），干斌高级工程师（部分第 3 章），刘少北博士、史君林博士（第 4 章、第 5 章第 2 节）。四川科新机电股份有限公司池凤琼副总工程师、李五常参与编写了第 1 章第 3 节、部分第 3 章的内容。

衷心感谢黄卫星教授、胡光忠教授、文华斌教授、张立铭高级工程师在本书成稿过程中给予的帮助，感谢研究生彭帝、赵黎在本书插图、公式编辑及相关工作上所付出的辛勤劳动，感谢四川科新机电股份有限公司的大力支持，感谢诸多同仁的热情支持。

由于过程设备设计方法所涉及的内容不断发展，加之编者水平所限，虽经努力，但书中疏漏之处在所难免，敬请读者批评指正。

编者
2022 年 10 月

目录

第1章　过程设备设计导论

1.1　过程设备设计的基本要求

过程设备是过程工业中的核心设备，与生产工艺紧密结合，有独特的过程单元。要保证过程设备的安全可靠和高效使用，设计是第一环节，设计的质量和水平往往对过程设备的使用起着关键性的作用。在过程设备的设计中主要考虑以下要求，并根据具体情况进行分析，确定主次。

① 安全可靠　任何一台过程设备首先且必须满足运行安全可靠。应根据设计要素，同时考虑结构、制造和密封性能等，选择合理的设计标准和相适应的材料，使设备具有足够的能力来承受设计寿命内可能遇到的各种载荷。根据设计条件和操作条件的不同，重点考虑的主要包括强度、刚度、稳定性、耐久性和密封性等。

② 满足使用要求　过程设备与生产工艺紧密相关，不同的工艺对设备有不同的要求，不同的设备要求有不同的使用功能。

③ 经济成本合理　在满足安全可靠和使用要求的前提下，设备应尽可能地提高生产效率，降低消耗；同时设计结构合理，易于机械化或自动化生产，降低制造成本；对于大型设备，还需要考虑安装和运输的可能性和方便性。

④ 易于操作、维护和控制　操作简单，易与设备需要控制的压力、流量和温度等参数结合进行自动控制，保证使用的安全性；设计时应重点考虑需要定期检查、清洗的或易损的零部件等的维护和修理。

⑤ 环境性能优良　过程设备的设计应满足环保的要求，尽量减少“三废”排放，特别是有害物质的泄漏，设计时必须考虑。

1.2 过程设备设计的基础知识

确定设备设计总体方案之前，必须把握设计要素，熟悉材料的基本性能和工程常用材料，正确分析设备在各种工况下的载荷情况。

1.2.1 设计要素

过程设备的设计要素主要涵盖以下几个方面。

1.2.1.1 设计技术参数

设计技术参数主要包括设计压力、设计温度、厚度及其附加量、焊接接头系数、许用应力等，其确定与工艺条件和制造技术有关。

(1) 设计压力

设计压力是指设定的容器顶部的最高压力，它与相应的设计温度一起作为设计载荷条件，其值不得低于工作压力。工作压力是指容器在正常工作情况下其顶部可能达到的最高压力。计算压力是指在相应设计温度下，用以确定元件最危险截面厚度的压力，其中包括液柱静压力。通常情况下，计算压力等于设计压力加上液柱静压力。当元件所承受的液柱静压力小于 5% 设计压力时，可忽略不计。

设计压力应视内压或外压容器分别取值，主要考虑以下因素：

① 内压容器　设计压力通常可取最高工作压力的 1.05～1.10 倍。装有安全泄放装置时，其设计压力应根据不同形式的安全泄放装置确定；装设爆破片时，设计压力不得低于爆破片的设计爆破压力。

② 盛装液化气体的容器　设计压力应根据工作条件下可能达到的最高金属温度确定，可按 TSG 21—2016《固定式压力容器安全技术监察规程》中规定的工作压力来确定。

③ 真空容器　设计压力按承受外压考虑。当装有安全控制装置时，设计压力取 1.25 倍最大内外压力差或 0.1MPa 中的较小值；如无安全控制装置，取 0.1MPa。

(2) 设计温度

设计温度是指容器在正常工作情况下，设定元件的金属温度（沿元件金属截面的温度平均值）。当元件金属温度不低于 0℃时，设计温度不得低于元件金属可能达到的最高温度；当元件金属温度低于 0℃时，其值不得高于元件金属可能达到的最低温度。

设计温度在设计中主要体现在两个方面，一是对材料的选择，二是许用应力的确定。

(3) 厚度及厚度附加量

厚度主要有四种，各厚度之间的关系如图 1-1 所示。

① 计算厚度（δ）　是按标准给定的计算方法根据计算压力得到的厚度。

② 设计厚度（δ_d）　指计算厚度与腐蚀裕量之和，保证容器达到原预期设计寿命。

③ 名义厚度（δ_n）　指设计厚度加上钢材厚度负偏差后，向上圆整至钢材标准规格的厚度，一般为标注在设计图纸上的厚度。

④ 有效厚度（δ_e）　为名义厚度减去腐蚀裕量和钢材负偏差。它决定容器的实际承载能力，是在校核容器强度和稳定性时使用的厚度。

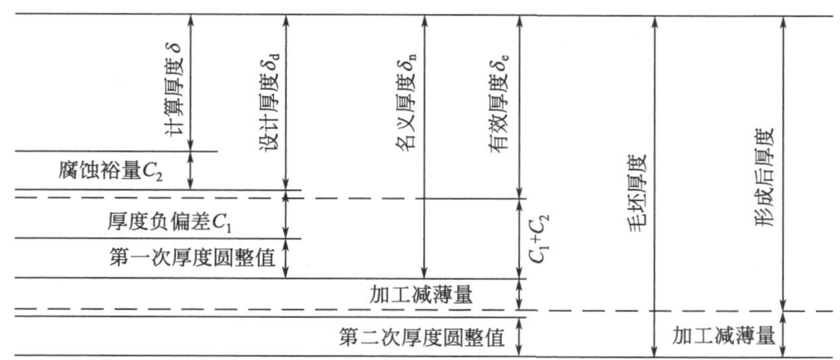

图 1-1　各种厚度之间的关系图

按公式计算得到的计算厚度，并未包括厚度附加量。设计时要考虑的厚度附加量 C 由钢材的厚度负偏差 C_1 和腐蚀裕量 C_2 组成，即 $C=C_1+C_2$。其中钢板或钢管厚度负偏差 C_1 应按相应钢板或钢管标准的规定选取（见 GB/T 150）。

腐蚀裕量主要是防止容器受压元件在寿命期间由于均匀腐蚀、机械磨损而导致承压能力下降的厚度减薄量。与腐蚀介质直接接触的筒体、封头、接管等受压元件，均应考虑材料的腐蚀裕量。腐蚀裕量一般可根据钢材在介质中的均匀腐蚀速率和容器的设计寿命确定。在无特殊腐蚀情况下，对于碳素钢和低合金钢，C_2不小于 1mm；对于不锈钢，当介质的腐蚀性极微时，可取 $C_2=0$。

(4) 焊接接头系数

压力容器的永久性连接形式主要是焊接，焊接接头往往为容器强度比较薄弱的区域。焊接接头系数 ϕ 表示焊缝金属强度与母材强度的比值，反映容器强度受削弱的程度。为弥补焊缝对容器整体强度的削弱，在强度计算中需引入焊接接头系数对许用应力进行修正。

影响焊接接头系数大小的因素较多，但主要与焊接接头形式和焊缝无损检测的要求及长度比例有关。国内钢制压力容器的焊接接头系数可按表 1-1 选取。

表 1-1　钢制压力容器焊接接头系数 ϕ

对接接头类型	无损检测类型
双面焊对接接头和相当于双面焊的全焊透对接接头	全部无损检测，取 $\phi=1.0$； 局部无损检测，取 $\phi=0.85$
单面焊对接接头(沿焊缝根部全长有紧贴基本金属的垫板)	全部无损检测，取 $\phi=0.9$； 局部无损检测，取 $\phi=0.8$

(5) 许用应力

许用应力是容器壳体、封头等受压元件的材料许用强度，由材料强度失效判据的极限值除以相应的材料的安全系数确定。

GB/T 150.2 给出了钢板、钢管、锻件以及螺栓材料在设计温度下的许用应力值，同时也列出了确定钢材许用应力的依据，表 1-2 所示为钢材（除螺栓材料外）许用应力的确定依据。如果引用标准允许采用 $R^t_{p1.0}$，则可以用 $R^t_{p1.0}$ 代替 $R^t_{p0.2}$。设计计算时许用应力可直接从许用应力表中查得，也可按表 1-2 规定求得，但设计必须注意钢板许用应力往往随钢板厚度增加或温度升高而降低。

表 1-2　钢制压力容器用材料许用应力的取值方法

材料	许用应力取下列各值中的最小值
碳素钢、低合金钢	$\frac{R_m}{2.7},\frac{R_{eL}}{1.5},\frac{R_{eL}^t}{1.5},\frac{R_D^t}{1.5},\frac{R_n^t}{1.0}$
高合金钢	$\frac{R_m}{2.7},\frac{R_{eL}(R_{p0.2})}{1.5},\frac{R_{eL}^t(R_{p0.2}^t)}{1.5},\frac{R_D^t}{1.5},\frac{R_n^t}{1.0}$
钛及钛合金	$\frac{R_m}{2.7},\frac{R_{p0.2}}{1.5},\frac{R_{p0.2}^t}{1.5},\frac{R_D^t}{1.5},\frac{R_n^t}{1.0}$
镍及镍合金	$\frac{R_m}{2.7},\frac{R_{p0.2}}{1.5},\frac{R_{p0.2}^t}{1.5},\frac{R_D^t}{1.5},\frac{R_n^t}{1.0}$
铝及铝合金	$\frac{R_m}{3.0},\frac{R_{p0.2}}{1.5},\frac{R_{p0.2}^t}{1.5}$
铜及铜合金	$\frac{R_m}{3.0},\frac{R_{p0.2}}{1.5},\frac{R_{p0.2}^t}{1.5}$

注：1. 对奥氏体高合金钢制受压元件，当设计温度低于蠕变范围，且允许有微量的永久变形时，可适当提高许用力至 $0.9R_{p0.2}^t$，但不超过 $R_{p0.2}/1.5$。此规定不适用于法兰或其他有微量永久变形就产生泄漏或故障的场合。

2. 如果引用标准规定了 $R_{p1.0}$ 或 $R_{p1.0}^t$，则可以选用该值计算其许用应力。

3. 根据设计使用年限选用 1.0×10^5h、1.5×10^5h、2.0×10^5h 等持久强度极限值。

1.2.1.2　原材料的供应条件分析

过程设备设计中原材料的供应条件分析主要涉及对原材料的质量、价格、来源、供应方式和运输方式等情况的分析评价。

原材料的质量性能决定了设备的安全可靠性。重要的压力容器应该根据材料性能要求，对所需原材料的质量性能（重点是力学性能和化学成分）进行分析研究，建立必要的检验、化验和试验设施，以确保采购的各种原材料的质量能够符合要求。

来源稳定可靠、价格经济合理的原材料是生产的连续性和稳定性的保障，同时对制造企业产品成本的高低也有很大影响。

就地取材、缩短距离和采用合理的运输方式有助于降低运输费用，进而也会减少产品成本。

1.2.1.3　生产制造条件

生产制造条件会制约设备的制造，因此在设计时要考虑制造条件。主要考虑工作场所、生产设备与工艺装备、检测仪器与试验装置和产品安全制造性能的保证能力等。

设计时重点考虑制造单位应当具有设备制造需要的切割设备、成形设备、机加工设备、焊接设备、焊接材料烘干和保温设备、起重设备、表面处理设备、工装等。设计时需要考虑制造设备条件，设计不同的结构。如厚壁容器制造厂家无大型热处理炉，就不能制造热套式容器等。

1.2.2　常用材料及选择的基本要求

材料是制造压力容器的物质基础，选择不当不仅会增加总成本，而且其性能直接影响压力容器的安全性和寿命，导致出现破坏性事故。材料性能不仅与其化学成分、微观组织有关，还与使用环境、制造工艺密切相关。

材料的选择重要而且复杂。它不仅要受到过程设备所在工艺的操作条件和制造条件的限制，还要受到材料本身性能的限制。设计人员要对设备进行合理选材或提出特殊的材料要求，必须要掌握过程设备原材料的种类和特点，同时要了解时间、环境、制造等因素对材料性能的影响规律以及选材的基本要点。

1.2.2.1　过程设备常用材料

（1）钢材

① 钢材形状　钢材按形状分主要有钢板、钢管、钢棒等。过程设备用钢主要是板材、管材。设计时根据不同的用途选择不同的形状。

② 钢材类型　常用钢材按化学成分可分为碳素钢、低合金钢和高合金钢。

a. 碳素钢。碳素钢是指含碳量为 0.02%～2.11%（一般低于 1.35%）的铁碳合金。主要有三类：第一类是碳素结构钢，如 Q235B 和 Q235C 钢板；第二类是优质碳素结构钢，如 10、20 钢管，20、35 锻件；第三类是压力容器专用钢板，如 Q245R、20G。

碳素钢强度不高，塑性和可焊性较好，价格低，多用于常压或中低压容器的制造，也可用于制造支座或垫板等零部件。选用碳素钢板时可用标准：GB/T 3274—2017《碳素结构钢和低合金结构钢热轧钢板和钢带》、GB/T 150.2—2011 附录 D，以及 GB/T 713—2014《锅炉和压力容器用钢板》等。

钢管选用可用标准：GB/T 8163—2018《输送流体用无缝钢管》、GB/T 9948—2013《石油裂化用无缝钢管》和 GB/T 6479—2013《高压化肥设备用无缝钢管》。

锻件选用时可用标准 NB/T 47008—2017《承压设备用碳素钢和合金钢锻件》。

b. 低合金钢。低合金钢是在碳素钢基础上加入少量合金元素的合金钢。热轧或热处理状态下的低合金钢具有较高的强度，优良的韧性、焊接性能、成形性能和耐腐蚀性能。

低合金钢多数经济且成熟，广泛应用于中低压压力容器、多层高压容器以及低温容器中。低合金钢板选择时可用标准：GB/T 713—2014《锅炉和压力容器用钢板》、GB/T 3531—2014《低温压力容器用钢板》和 GB/T 19189—2011《压力容器用调质高强度钢板》等。

钢管选择时可用标准：GB/T 8163—2018《输送流体用无缝钢管》、GB/T 9948—2013《石油裂化用无缝钢管》和 GB/T 6479—2013《高压化肥设备用无缝钢管》。

锻件选用时可用标准：NB/T 47008—2017《承压设备用碳素钢和合金钢锻件》和 NB/T 47009—2017《低温承压设备用合金钢锻件》。

c. 高合金钢。过程设备设计中采用的低碳或超低碳高合金钢（合金元素 10%以上）大多是耐腐蚀、耐高温钢，主要有铬钢、铬镍钢和铬镍钼钢。除铬钢外，高合金钢具有良好的低温性能。

高合金钢钢板选择时可用标准：GB/T 713—2014《锅炉和压力容器用钢板》和 GB/T

24511—2017《承压设备用不锈钢和耐热钢钢板和钢带》等。

钢管选择时可用标准：GB/T 9948—2013《石油裂化用无缝钢管》、GB/T 6479—2013《高压化肥设备用无缝钢管》、GB/T 13296—2013《锅炉、热交换器用不锈钢无缝钢管》、GB/T 24593—2018《锅炉和热交换器用奥氏体不锈钢焊接钢管》、GB/T 12771—2019《流体输送用不锈钢焊接钢管》、GB/T 21833—2020《奥氏体-铁素体型双相不锈钢无缝钢管》和 GB/T 21832—2018《奥氏体-铁素体型双相不锈钢焊接钢管》。

锻件选用时可用标准 NB/T 47010—2017《承压设备用不锈钢和耐热钢锻件》。

除以上钢材外，耐腐蚀过程设备还可以采用复合钢板，选择时可用标准 NB/T 47002—2019《压力容器用爆炸焊接复合板》。

③ 工程常用钢材

板材：Q245R、Q345R、16MnDR、09MnNiDR、15CrMoR、14Cr1MoR、S30408、S30403、S32168、S31603。

锻件：20、16Mn、15CrMo、14Cr1Mo、16MnD、09MnNiD、S30408、S30403、S32168、S31603。

管材：10、20、Q345D、Q345E、15CrMo、12CrMo、S30408、S30403、S32168、S31603。

(2) 有色金属和非金属材料

① 有色金属　有色金属在退火状态下塑性好，综合指标均衡且性能稳定，所以一般都在退火状态下使用，选用时应注意选择同类有色金属中的合适牌号。《固定式压力容器安全技术监察规程》中提及的有色金属主要有以下几类。

a. 铜及其合金。在没有氧存在的情况下，铜及其合金在许多非氧化性酸中都是比较耐腐蚀的。同时铜及其合金在低温下能保持较高的塑性及冲击韧性，特别适合制造深冷设备。其标准为 JB/T 4755—2006《铜制压力容器》(温度适用范围：20～400℃)。

b. 铝及其合金。铝及其合金强度低、塑性好，在氧化性浓酸中具有很好的耐蚀性能，但不耐稀酸和碱；在低温下具有良好的塑性和韧性，有良好的成形和焊接性能。主要用于制作压力较低的贮罐、塔、热交换器，防止铁污染产品的设备及深冷设备。其标准为 JB/T 4734—2002《铝制焊接容器》(温度适用范围：－269～200℃)。

c. 镍及其合金。镍及其合金在强腐蚀介质中比不锈钢有更好的耐腐蚀性，比耐热钢有更好的抗高温强度，最高使用温度可达 900℃，但是成本较高，主要用于有特殊要求的过程设备。标准为 JB/T 4756—2006《镍及镍合金制压力容器》(温度适用范围：20～900℃)。

d. 钛及其合金。钛及其合金具有密度小、强度高、低温性能好和黏附力小等优点，对中性、氧化性、弱还原性介质都耐腐蚀，被誉为“太空金属”和“战略金属”。但单位质量价格高，主要在介质腐蚀性强但使用寿命长的设备中应用。其标准为 JB/T 4745—2002《钛制焊接容器》(温度适用范围：－269～300℃)。

② 非金属材料　非金属材料品种多，资源丰富，它既可以单独用作结构材料，也可用作金属材料保护衬里或涂层，还可以用作设备的密封材料、保温材料和耐火材料等。但是大多数非金属材料耐热性不好，对温度波动比较敏感，除玻璃钢外与金属相比强度较低，所以非金属材料的使用受到限制。在过程设备中常用的非金属材料主要有：涂料、工程塑料、不透性石墨、搪瓷和陶瓷等。设计时可见 TSG 21《固定式压力容器安全技术监察规程》。

1.2.2.2 材料的性能

过程设备的材料以钢材为主，下面介绍钢材对设计有较大影响的主要性能。

(1) 力学性能

力学性能指材料抵抗外力而不产生超过允许的变形或不被破坏的能力。它主要是表征强度、韧性和塑性变形能力的判据，是机械设计时选材和强度计算的主要依据。材料的力学性能主要包括强度、塑性、韧性和硬度，在四个指标中，强度和塑性占主导地位，但使用时要考虑温度的变化。

① 强度　强度是固体材料在外力作用下抵抗塑性变形和断裂的特性。规则设计中常用的强度指标有屈服强度、抗拉强度等。其他设计方法中还会使用到蠕变极限、持久强度和疲劳强度等。

② 塑性　金属材料在断裂前发生不可逆永久变形的能力。

塑性指标是指金属在外力作用下产生塑性变形而不被破坏的能力。常用的指标有伸长率 δ 和断面收缩率 ψ。

③ 韧性　韧性是表示材料弹塑性变形和断裂全过程中吸收能量的能力，即材料抵抗裂纹扩展的能力。冲击韧性常用来表示材料承受动载荷时抗开裂的能力，缺口敏感性用来表示材料承受静载荷时抗裂纹扩展的能力。

韧性是材料在外加动载荷突然袭击时的一种即时和迅速塑性变形的能力。韧性高的材料，一般都有较高的塑性指标；但塑性较高的材料，却不一定都有高的韧性。原因是静载荷下能够缓慢塑性变形的材料在动载荷下不一定能迅速塑性变形。

④ 硬度　硬度是金属材料抵抗其他更硬的物体压入其内的能力。它表示金属材料在一个小的体积范围内抵抗弹性变形、塑性变形或破断的能力。

(2) 物理性能

在设计时要考虑材料的物理性能是否对设备功能有影响。主要涉及材料的物理性能有相对密度、熔点、热膨胀性、导热性、磁性、弹性模量与泊松比等，如热交换设备与材料的线胀系数关系较大。钢材的泊松比基本相等，在工程设计取值相同，为 0.3。

(3) 化学性能

在过程设备设计中材料的化学性能主要考虑三个方面。一是材料的耐腐蚀性能，主要是材料对腐蚀性介质，如工艺介质、水汽、各种电解液侵蚀的抵抗能力；二是相容性，指材料与其相接触的介质或其他材料间不会因化学和（或）物理影响而产生有害的相互作用；三是抗氧化性，在现代工业生产中的许多高温化工设备，在高温工作条件下，不仅受到自由氧的氧化腐蚀作用，还受到其他气体介质如水蒸气、CO_2、SO_2 等的氧化腐蚀作用，因此锅炉给水中的氧、硫及其他杂质的含量对钢的氧化是有一定影响的。

(4) 制造工艺性能

钢材的制造工艺性能是指铸造性、可锻性、可焊性、切削加工性、热处理性能等直接影响过程设备和零部件的制造工艺方法，这也是选择材料时必须考虑的因素。过程设备制造重点关注的是材料要有良好的冷热加工性能和良好的焊接性能。

1.2.2.3 材料选择的基本要求

过程设备材料的选择，应综合考虑设备的使用条件、相容性、各零部件的功能和制造工艺、材料的性能及使用经验、综合经济性和设备是否符合规范标准等。

（1）过程设备的使用条件

材料的选择主要由设备的设计压力、设计温度、介质特性和操作特点等决定。例如Q235系列钢板不能用于0℃以下，临氢设备要选择抗氢钢，高温使用的设备需要满足高温下材料的蠕变极限、持久强度及抗高温氧化性能等。

（2）材料的性能

主要考虑材料的力学性能、物理性能、化学性能和制造工艺性能等。可参见1.2.2.2材料的性能。

（3）材料的使用经验

主要考虑成功使用的材料在选用时的成分、载荷条件、操作要求以及使用寿命等等。对使用条件比较特殊且曾因为选材不当发生过失效事故的设备，更要认真分析研究，有针对性地选择材料。

（4）材料的综合经济性能

材料选择时要综合考虑影响整台设备经济性的原因，如材料本身成本、材料的市场情况、由于结构造成的加工难度、使用寿命等。

（5）遵循国家标准和行业标准的规定

重点考虑设备的使用条件，钢材的使用温度及范围、材料许用应力的选取或计算等。

1.2.3 载荷

过程设备大多是承压设备，载荷是在设备运输安装、压力试验、正常操作、开车停车等过程中使结构或构件产生内力和变形的因素，主要承受的载荷有内压、外压、自重、风载荷、地震载荷和温度载荷等。确定过程设备承受的载荷，建立力学模型，分析设备在载荷作用下的应力，是过程设备设计计算、结构优化、安全评估和失效分析的重要理论基础。

1.2.3.1 过程设备载荷

（1）压力载荷

压力是承压容器承受的基本载荷。在过程设备机械设计中，一般采用表压，就是以标准大气压为基准测得的压力。

作用在设备上的压力，可能是内压、外压或两者均有，多为流体介质传递，是一种均布载荷，因此承压设备一般设计成具有最佳承载能力的回转壳体结构。

（2）非压力载荷

非压力载荷可分为整体载荷和局部载荷。整体载荷是作用于整台容器上的载荷，如重力、风、地震等引起的载荷。局部载荷是作用于容器局部区域上的载荷，如管系载荷、支座反力等。

① 重力载荷　是指由设备及其附件、内件和物料的重量引起的载荷。计算重力载荷时，除设备自身的重量外，不同的工况应根据不同的操作条件考虑隔热层、内件、物料、平台、扶梯、管系和支承件等附属设备的重量。

② 风载荷　是根据作用在设备及其附件迎风面上的有效风压来计算的载荷。风载荷作用下，除了使容器产生应力和变形外，还可能使容器产生顺风向的振动和垂直于风向的诱导振动。风载荷主要是影响高塔及大型承压设备安全的载荷。

③ 地震载荷　是指作用在容器上的地震力引起的载荷，它产生于支承设备的地面的突然振动和设备对振动的反应。地震载荷也主要是影响高塔及大型承压设备安全的载荷。

④ 温度载荷　当设备的结构整体或局部被加热（或冷却），内部就会存在温度差或温度梯度，相应发生热变形。由于结构内材料的变形协调，在结构形成内应力，在某些情况下需要与压力引起的机械应力等其他应力同时考虑。

⑤ 运输载荷　是在运输过程中由不同方向的加速度引起的。大型设备需要长途运输时应考虑。

过程设备承受各种载荷的作用情况是十分复杂的，但其中压力载荷是每台承压设备都必须承受的，设计时必须考虑，而其他载荷不是所有承压设备都必须考虑的，视具体使用工况而定。

1.2.3.2　过程设备载荷工况

设计过程设备时，应根据不同的载荷工况分别计算载荷。通常需要考虑的载荷工况有以下几种。

(1) 正常操作工况

设备正常操作时的载荷包括：设计压力、液体静压力、重力载荷、温度载荷、风载荷和地震载荷及其操作时设备所承受的载荷。计算时根据具体情况考虑。

(2) 特殊载荷工况

① 压力试验　设备在制造完成后进行压力试验时，载荷一般包括试验压力、设备自身的重量。液压试验时还需要考虑试验液体静压力和试验液体的重量。

② 开停工及检修　开停工及检修时的载荷主要包括风载荷，地震载荷，容器自身重力载荷以及内件、平台、梯子、管系及支承在容器上的其他设备重力载荷。

(3) 意外载荷工况

对于设备内可能发生化学爆炸，其周围的设备可能发生燃烧或爆炸等意外情况，设计时需要考虑。

1.3　过程设备设计方法与流程

1.3.1　设计条件

过程设备应根据设计委托方以正式书面形式提供的设计条件进行设计。设计委托方可以是承压设备的使用单位（用户）、制造单位、工程公司或者设计单位自身的工艺室等。设计条件至少包含以下内容：

① 操作参数（包括压力、温度、液位高度、接管载荷等）；

② 承压设备使用地及其自然条件（包括环境温度、抗震设防烈度、风和雪载荷等）；

③ 介质组分和特性（介质学名或分子式、密度、黏度和危害性等）；

④ 预期使用年限；

⑤ 几何参数和管口方位（常用承压设备结构简图表示，示意性地画出承压设备本体与几何尺寸、主要内件形状、接管方位、支座形式等）；

⑥ 设计需要的其他必要条件（包括选材要求、防腐蚀要求、特殊试验、安装运输要求等）。

为便于填写和表达，设计条件图又分为容器设计条件图、换热器设计条件图、塔器设计条件图和搅拌器设计条件图四种。本书附录分别给出了四种设计条件图。

1.3.2 设计方法

目前承压设备的主要设计方法有规则设计法与分析设计法两种。

1.3.2.1 规则设计

规则设计方法采用的标准是 GB/T 150，以弹性失效为准则，以薄膜应力为基础，计算元件的厚度。限定最大应力不超过一定的许用值（通常为 1 倍许用应力）。对容器中存在的较大的边缘应力等局部应力以应力增强系数等形式加以体现，并对计入局部应力后的最大应力取与薄膜应力相同的强度许用值。

规则设计方法简明，设计时安全系数和安全裕度大，采用此规则设计方法有一定的适用范围，且偏保守。

1.3.2.2 分析设计

分析设计方法采用的标准是 JB 4732，以塑性失效及弹塑性失效准则为基础，考虑容器中的各种应力，对元件的厚度进行计算。按该法设计的容器更趋科学合理、安全可靠且可体现一定的经济效益。

分析设计由于区别了各种应力的性质和作用，充分发挥材料的承载潜力，因此对材料和制造、检验提出了更高的技术要求。

1.3.3 设计流程

(1) 过程设备的设计流程

设计的基本流程如图 1-2。

① 根据设计条件明确设计任务。

② 根据设计任务确定总体设计方案。

③ 根据总体设计方案进行产品设计。

④ 设计输出。

⑤ 设计文件管理。

⑥ 风险评估。

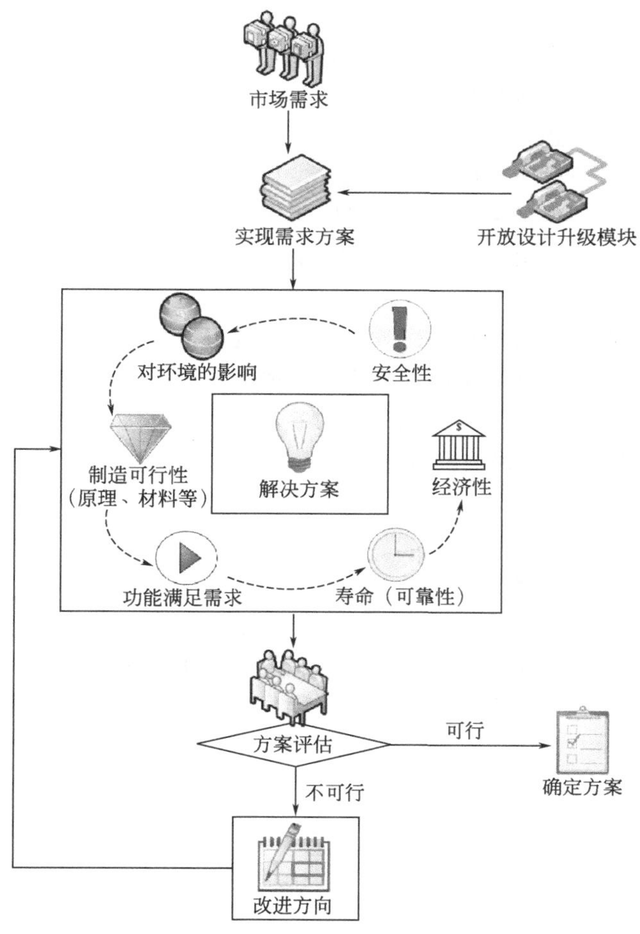

图 1-2　设计基本流程

(2) 在工程设计中主要的设计流程

① 设计输入审查：审查设计委托方的设计条件。

② 设计任务书：由设计部门负责编制、审批并下达。

③ 设计方案：确定设计方案。

④ 产品设计。

⑤ 设计输出。

⑥ 材料代用：制造厂发给设计单位的材料代用单，须由设计单位签字、盖章。

⑦ 设计修改：在产品制造、试验中发现设计质量问题或者设计方提出设计变更时，由设计单位出具设计变更通知书或者升版图纸。

⑧ 设计文件的复用（主要针对标准化产品）。

⑨ 设计文件管理。

(3) 风险评估

压力容器设计阶段风险评估是在设计工作初期对压力容器可能存在的问题、不足之处、可能形成的危害，以及安全隐患带来的风险进行可靠性的评估工作。GB/T 150.1—2011 附录 F 给出了风险性评估报告的基本要求。

风险性评估报告至少应该包括以下几个方面：

① 压力容器设计的基本设计参数；

② 操作工况条件的描述；

③ 所有操作、设计条件下可能发生的状况，如爆炸、泄漏、破损、变形等；

④ 对于标准已经有规定的失效模式，说明采用标准的条款；

⑤ 对于标准没有规定的失效模式，说明设计中的载荷、安全系数和相应计算方法的选取依据；

⑥ 在介质少量泄漏、大量涌出和爆炸状况下的处置措施；

⑦ 根据周围人员的可能伤及情况，规定合适的人员防护设备和措施；

⑧ 风险评估报告应具有与设计图纸一致的签署。

如对一台氨合成塔的风险评估报告涵盖以下内容：

① 基础信息。

② 设计依据的标准。

③ 可能的介质泄漏及措施。

④ 工况分析。

⑤ 简体风险分析。包括部件信息表、损伤机理及防护措施、工艺风险等。

⑥ 球形封头风险分析。包括部件信息表、损伤机理及防护措施、工艺风险等。

第 2 章　过程设备的失效

2.1　概述

失效是指机械结构的零部件失去或降低其功能，最终表现为不能正常运行、技术性能降低、设备中断生产或效率降低。过程设备的失效主要表现为在规定服役环境和寿命内，因尺寸、形状或者材料性能变化而危及设备安全或者丧失规定功能的现象。具体表现为在外部载荷、服役环境、制造影响等因素单独或者共同作用下，引起压力容器壁厚减薄、结构不连续、材料的微观组织变化导致的性能劣化、微裂纹损伤等，当累积到一定程度就会危及设备安全或造成功能失效，如图 2-1 所示。

图 2-1　法兰泄漏导致设备失效

全面分析过程设备全寿命周期内的各项内外部载荷，准确预判载荷作用下零部件的失效形式，建立失效判据与设计准则，是保证过程设备安全可靠运行的必要条件。同时，掌握过程设备常见失效模式及其原因，对正确理解和使用规范标准，选用正确的失效判据和设计准则，具有重要意义。

2.1.1 过程设备的预期使用年限

设计寿命是设计工程师综合机械结构的应用领域、技术条件、设计方法、制造设备、材料和成本等因素和条件，规划设计正常使用期限的一项标准或指标。在一定程度上设计寿命能反映机械结构的真实寿命，但由于实际使用情况的复杂性，设计寿命不能代表机械结构的真实寿命，一般应大于真实寿命。

过程设备为流程性介质提供了能进行物理、化学或者生物过程的空间和条件，是传统生产和高新技术领域必需的关键设备。在 TSG 21 中压力容器的设计寿命称为预期使用年限，可以综合核心设备使用寿命、设备整改周期和生产工艺更新等因素制定。不同类型或者不同应用领域的过程设备使用年限不同。一般容器、换热器的使用年限为 10 年，分馏塔、反应器、高压换热器为 20 年，球形容器一般为 25 年，重要的反应容器（如厚壁加氢反应器、氨合成塔等）为 30 年。在石油化工行业中，一般要求高压容器的使用年限不少于 20 年，塔设备和反应设备不少于 15 年，而核岛反应堆压力容器的使用寿命则不少于 50 年。

2.1.2 失效模式

失效的本质是损伤积累到一定程度，机械结构不再满足使用的状态，损伤是外部机械力、介质环境、热载荷等单独或共同作用的结果。发生损伤后不一定失效，但失效一定存在损伤。

根据失效原因主要分为三大类：短期失效模式、长期失效模式和循环失效模式。

① 短期失效模式　包括韧性断裂，脆性断裂，超量变形引起的接头泄漏，超量局部应变过多引起的裂纹或韧性撕裂，弹性、塑性或弹塑性失稳（垮塌）。如图 2-2、图 2-3 所示。

图 2-2　容器法兰螺栓韧性断裂

② 长期失效模式　包括蠕变断裂，蠕变失稳，冲蚀，腐蚀，环境助长开裂如应力腐蚀开裂、氢致开裂等，如图 2-4 所示。

③ 循环失效模式　包括渐进的塑性变形、交替塑性、弹性应变疲劳（中周和高周疲劳）或弹塑性应变疲劳（低周疲劳）、环境助长疲劳。

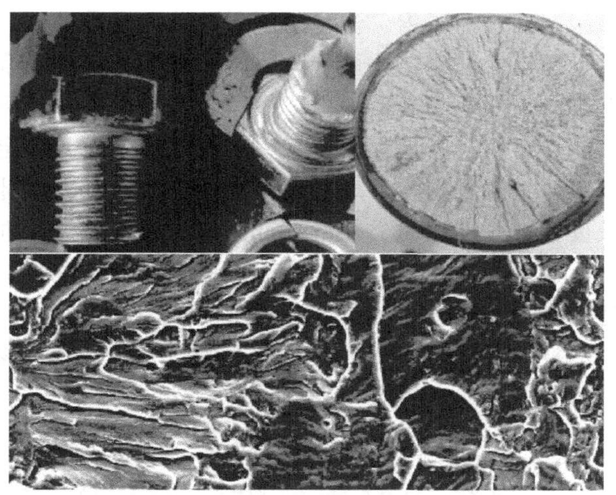

图 2-3　容器法兰螺栓脆性断裂

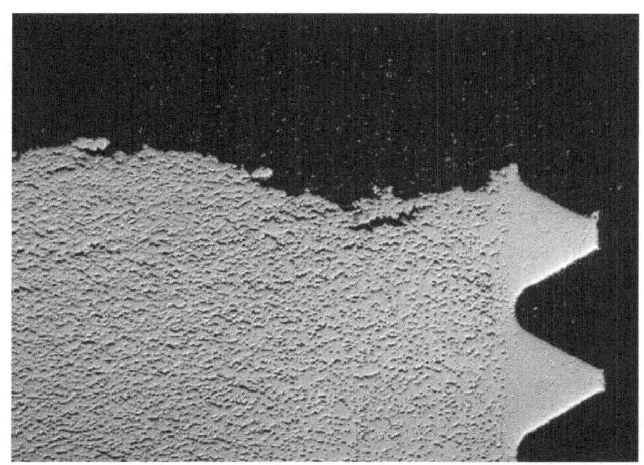

图 2-4　容器内部蠕变断裂

失效模式是过程设备的设计基础，设计方法（或准则）必须针对失效模式。过程设备设计的第一步骤是确定可能发生的失效模式，必要时还要求出具主要失效模式、风险控制等内容的评估报告，以及建立在失效模式基础上的压力容器检验结果评价。

2.1.3　失效判据与设计准则

过程设备在使用过程中，随着损伤的累积将进入极限状态，当超过设计规定的参数，无法满足使用或者危及安全时，即失效。描述极限状态的方程，称为失效判据，每一种失效模式都有与其对应的极限状态。如当内压等于塑性垮塌压力时，压力容器将发生塑性垮塌；当外压等于临界压力时，压力容器将发生屈曲；当应力强度因子等于临界应力强度因子时，压力容器将发生脆性断裂。随着对失效机理认识的深入，会不断提出新的极限状态。同时应注意，与某一失效模式相对应的极限状态，不一定只有一个，如塑性垮塌就有容器总体部位的应力等于材料的屈服强度、内压等于全屈服压力、内压等于塑性垮塌压力等极限状态。

过程设备设计时，一般应先确定最有可能的失效模式，选择合适的失效判据，再将应力或与应力有关的参量限制在许用值以内，这种限制条件称为设计准则。因为设计方法的可靠性、制造技术、材料质量稳定性、建造质量管理方式和水平、使用场合的重要性、造成事故后的危害程度，以及迄今尚未认识的其他因素，同时，过程设备在使用过程中也存在不确定因素，因此失效判据不能直接用于设计计算。工程上在处理上述不确定因素时，较常用的方法是引入安全系数，修正与失效判据相对应的设计准则。压力容器设计准则主要分为强度失效设计准则、刚度失效设计准则、屈曲失效设计准则和泄漏失效设计准则。

过程设备设计时，应根据设计条件，考虑过程设备在运输、安装、使用中可能出现的所有失效模式，选择合适的失效判据和相应的设计准则进行设计计算，并从结构、材料、制造、检验等方面提出建造技术要求。必要时，还应对使用时的检测、诊断、监控和应急提出要求。

2.2 过程设备失效特征与影响因素

过程设备失效特征与其承受载荷和介质的危害性密切相关。在所有载荷中最为重要的是压力载荷，其中内压载荷引起的最危险的失效是爆炸。在所有机械类设备失效中以压力容器及管道类设备的爆炸造成的直接灾难和次生灾难最为严重，极易造成大范围的群死群伤、建筑物及设备的损毁。过程承压设备内的介质多涉及腐蚀性、不同程度的毒性、易燃易爆性以及放射性等，一旦爆炸，有害介质瞬间释放到容器外所引起的次生灾害极为严重。爆炸、有毒介质会致死致伤致残、造成大范围的环境短期污染或长期污染等环境灾害。除此之外，泄漏是直接危害性较小的事故。泄漏时承压设备局部破裂，属未爆先漏，简称 LBB（leak before break）型的失效，如图 2-5 所示。

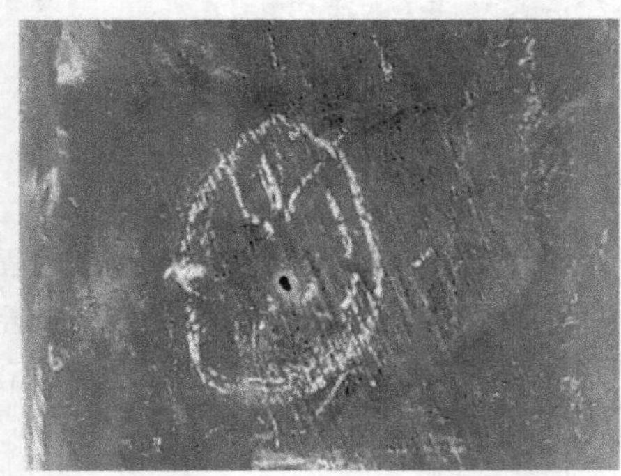
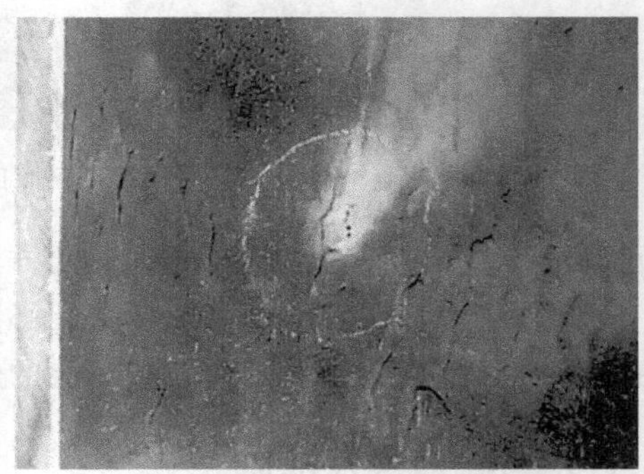

图 2-5　压力容器内外壁小孔泄漏

过度变形使设备不能正常运行也会产生失效，属于非破坏性的失效。如塔设备的塔盘因刚性不足发生明显弯曲变形，虽然属于弹性变形但会导致塔盘上液层厚度严重不均匀，进而使穿过液层的气体在塔盘上遭遇的液层阻力不均匀，导致塔盘各处通过的气体分布不均，造成塔盘上气液相之间的传热传质过程的效率明显降低，以至于影响使用的状况。

承压容器因超压、大范围腐蚀减薄或磨损减薄，相当于超载情况，在压力作用下出现局部或大面积的鼓胀，即容器发生了明显的塑性变形，能判断其已进入塑性变形温度时，也应被确认为失效。

2.2.1 过程设备零部件典型失效形式

过程设备失效的原因多种多样，但是失效的最终表现形式主要为过度变形、断裂和泄漏等，如图 2-6。

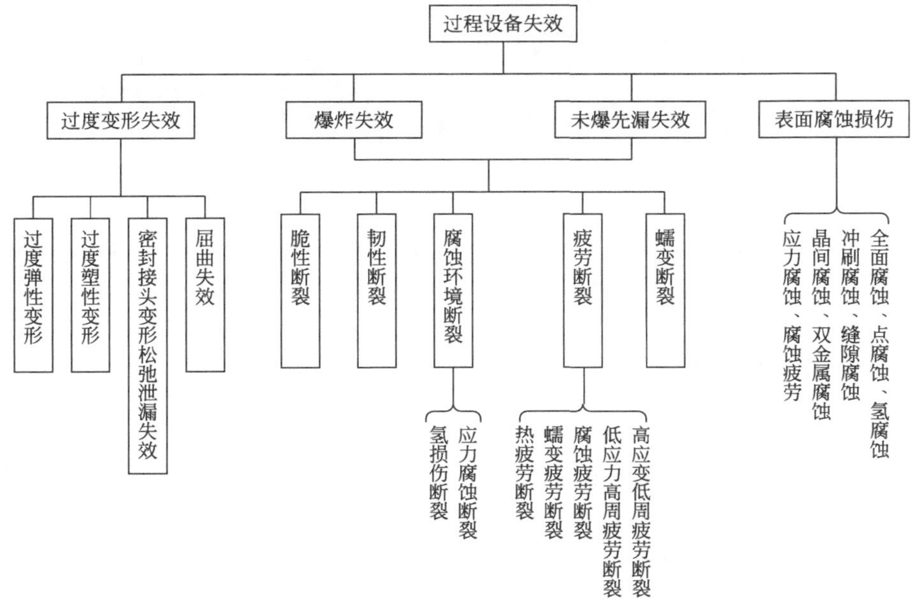

图 2-6 过程设备失效

对于过程设备各零部件设计标准，在确定设计准则和设计方法中至少要考虑如下失效模式：脆性断裂、韧性断裂、泄漏、弹性或塑性失稳和蠕变断裂。

过程设备失效可分为强度失效、刚度失效、屈曲失效和泄漏失效等四类。

① 强度失效 因材料屈服或者断裂引起的过程设备失效，包括塑性垮塌、局部过度应变、脆性断裂、疲劳、蠕变、腐蚀等。

② 刚度失效 变形过大影响设备正常工作而引起的失效。如板式塔在横向载荷作用下发生过大的弯曲变形，造成塔盘倾斜而影响塔的正常工作。

③ 屈曲失效 压力容器在压应力作用下，突然失去其原有的规则几何形状而引起的失效。如图 2-7。包括弹性屈曲失效和非弹性屈曲失效。

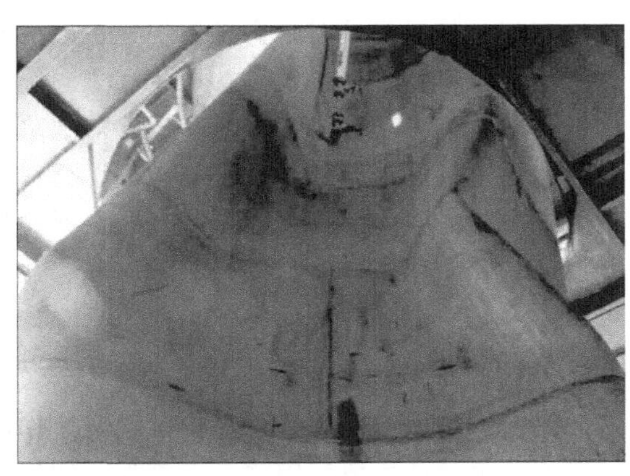

图 2-7 过程设备屈曲失效

④ 泄漏失效 泄漏不仅有可能引起中毒、燃烧和爆炸等事故，而且会造成环境污染。泄漏失效发生在各可拆式接头和不同压力腔之间连接接头处，如压力容器法兰连接处、接管法兰连接处的泄漏。如图 2-8。

过程设备除发生上述单因素导致的失效外，在多种因素共同作用下可能同时发生多种

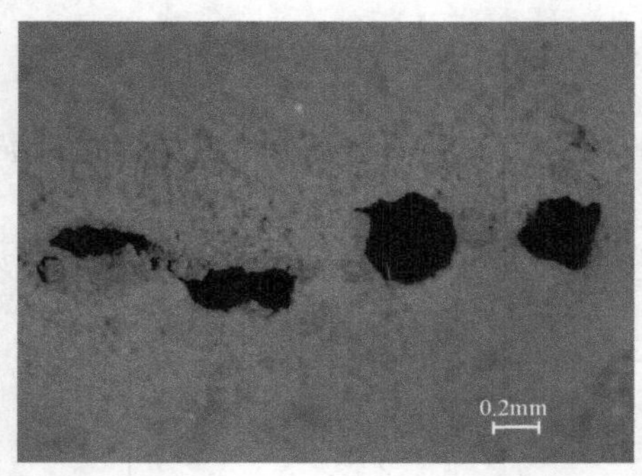

图 2-8　过程设备内外壁泄漏

失效。例如，羰基合成乙酸装置中，主反应器内有乙酸、碘甲烷、乙酸甲酯、碘化氢、丙酸等强腐蚀性介质，存在均匀腐蚀、晶间腐蚀和应力腐蚀等三种失效。

2.2.2　影响失效的主要因素

(1) 结构对载荷的响应

载荷是引起失效的主要原因，在设计阶段，应考虑作用在结构上的所有适用载荷和载荷工况。载荷是指能够在过程设备上产生应力、应变的因素，如介质压力、风载荷、地震载荷等。不同结构对同一载荷的力学响应不同。

(2) 材料性能和结构对失效的影响

材料性能和结构是引起失效的内在因素。材料是构成设备的物质基础，合理选材是过程设备设计的基本任务之一。影响材料性能的因素很多，合理选材更依赖于定性分析和经验积累，往往是设计的难点。为保证设备在全寿命周期内安全可靠地运行，不能只根据原材料性能选材，还要根据设备的制造工艺、使用环境和时间对材料性能的影响规律等综合考虑。材料性能对失效的影响主要考虑材料的强度、韧性和与介质的相容性等。材料强度是指载荷作用下材料抵抗永久变形和断裂的能力。屈服强度和抗拉强度是钢材常用的强度判据。韧性是指材料断裂前吸收变形能量的能力。由于原材料、制造（特别是焊接）和使用（疲劳、应力腐蚀）等方面的原因，过程设备常带有各种各样的缺陷，如裂纹、气孔、夹渣等。当缺陷尺寸达到某一临界尺寸时，会发生快速扩展而导致过程设备破坏。临界尺寸与缺陷所在处的应力水平、材料韧性以及缺陷的形状和方向等因素有关，它随着材料韧性的提高而增大。材料韧性越好，临界尺寸越大，过程设备对缺陷就越不敏感；反之在载荷作用下，很小的缺陷就有可能快速扩展而导致过程设备破坏。材料韧性是过程设备材料的一个重要指标。材料韧性一般随着材料强度的提高而降低。在选择材料时应特别注意材料强度和韧性的合理匹配。过程设备的介质往往是腐蚀性强的酸、碱、盐。材料被腐蚀后，不仅会导致壁厚减薄，而且有可能改变其组织和性能而失效。

(3) 大变形对失效的影响

刚度和抗屈曲能力是过程设备在载荷作用下保持原有形状的能力，刚度不足是过程设备过度变形失效的主要原因之一。例如，螺栓、法兰和垫片组成的连接结构，若法兰因刚度不足而发生过度变形，则将导致密封失效而泄漏。屈曲是过程设备常见的失效形式之一，过程设备应有足够的抗屈曲能力。承受外压的过程设备，若壳体厚度不够或外压太大，则将引起屈曲破坏。密封性是指结构防止介质或空气泄漏的能力。过程设备的泄漏可分为内泄漏和外泄漏。内泄漏是指过程设备内部各腔体间的泄漏，如管壳式换热器中，管程介质通过管板泄漏至壳程。这种泄漏轻者会引起产品污染，重者会引起爆炸事故。外泄漏是指介质通过可拆接头或者穿透性缺陷泄漏到周围环境中，或空气漏入过程设备内的泄漏。密封是过程设备安全工作不失效的必要条件。

(4) 制造工艺对失效的影响

过程设备的制造往往先将钢板进行冷或热压力加工变成所要求的零件形状，再通过焊接等方法将各零部件连接在一起，必要时还应进行热处理。这一系列过程中材料性能会发生变化，导致设备失效。

① 成形加工对材料性能影响

a. 应变强化。金属在常温或者低温下发生塑性变形后，随塑性变形量增加，其强度、硬度提高，塑性、韧性下降的现象称为应变强化或加工硬化。成形加工按照金属材料塑性加工时是否完全消除加工硬化可分为冷加工和热加工。冷、热加工的界限是金属的再结晶温度，高于再结晶温度的加工为热加工或热变形，低于再结晶温度的加工为冷加工或冷变形。热变形时加工硬化和再结晶现象同时出现，但加工硬化很快被再结晶软化所抵消，变形后具有再结晶组织，因而无加工硬化现象。冷变形中无再结晶出现，因而有加工硬化现象。冷变形时的加工硬化使塑性降低。

b. 各向异性。金属发生塑性变形时，不仅外形发生变化，内部的晶粒也相应地被沿着变形方向拉长或压扁，很大的变形量使晶粒被拉长为纤维状，晶界变得模糊不清。通常沿着纤维方向的强度及塑性大于垂直方向的强度及塑性。当金属塑性变形达到一定程度（70%以上）时，晶粒沿着变形方向发生转动，使各晶粒的位向与外力方向趋于一致，这种现象称为形变织构或择优取向，形变织构使金属性能产生各向异性。设计时，应尽可能使零件在工作时产生的最大正应力与纤维方向重合，最大切应力方向与纤维方向垂直。

c. 应变时效。经冷加工塑性变形的碳素钢、低合金钢，在室温下停留较长时间，或者在较高温度下停留一定时间后，出现屈服点和抗拉强度提高、塑性和韧性降低的现象。正常设计工况下的极限应力降低，导致设备失效。

② 焊接对材料性能的影响　焊接是通过加热或（和）加压，使工件达到结合的一种方法。焊接有多类类型，过程设备制造中应用最广的是熔焊。熔焊时采用局部加热的方法，将焊接接头部位加热至熔化状态，熔化的母材金属和填充金属共同构成熔池，熔池经冷却结晶后，形成牢固的原子间结合，使待连接件成为一体。焊缝金属在焊接过程中相当于经历了一次特殊的冶炼、铸造（凝固）过程，热影响区相当于经历了一次特殊的热处理后形成的区域。焊接接头区域产生的各种缺陷、焊接应力以及局部加热产生的较大温度梯度引起的组织性能变化均可导致结构失效。

(5) 环境对材料性能影响

环境因素主要包括温度高低、载荷波动、介质性质、加载速率等。这些影响因素往往不是单独存在的，而是同时存在、交互影响。短期静载条件下温度对钢材力学性能的影响主要是随着温度升高，抗拉强度和屈服强度降低，断面伸长率先降低而后提高。在低温下，随着温度降低，碳素钢和低合金钢的强度提高、韧性降低。高温下钢材的强度等性能除随温度的升高而改变外，还和时间有密切关系。金属在长时间的高温、载荷作用下缓慢地产生塑性变形的蠕变现象，结果是使设备材料产生蠕变脆化、应力松弛、蠕变变形和蠕变断裂而失效。高温下长期工作的钢材，还会发生珠光体球化、石墨化、回火脆化和氢脆等劣化现象。设备经常与酸、碱、盐等各种各样的介质接触，如液氨储罐中的液氨、煤加氢液化装置中的硫化氢和氢气、人造水晶釜中的氢氧化钠等，可能引起材料腐蚀和组织性能的改变导致过程设备失效。加载的应变速率在 $10^{-4}\sim10^{-1}s^{-1}$ 范围内，金属材料的力学性能没有明显变化，但当应变速率在 $10^{-1}s^{-1}$ 以上时，材料没有充分的时间产生正常的滑移变形，从而继续处于一种弹性状态，使屈服强度随应变速率的增大而增大。一般塑性材料的塑性及韧性下降，脆性断裂的倾向增加。如果材料中有缺口或裂纹等缺陷，还会加速脆性断裂的发生。加载速率对钢的韧性影响还与钢的强度有关，一定的加载速率范围内，随着钢材强度的提高，韧性的降低减弱。金属材料高温工作并达到会发生蠕变变形的温度时，如果承压的容器及管道出现明显的鼓胀或管道的弯曲及扭曲，意味着进入蠕变失效状态。

2.3 标准中的失效设计

2.3.1 GB/T 150 的失效设计

GB/T 150 由 GB/T 150.1《压力容器 第 1 部分：通用要求》、GB/T 150.2《压力容器 第 2 部分：材料》、GB/T 150.3《压力容器 第 3 部分：设计》以及 GB/T 150.4《压力容器 第 4 部分：制造、检验和验收》四部分组成，属规则设计标准。该标准规定了压力容器的建造要求，其适用的设计压力（对于钢制压力容器）不大于 35MPa，适用的设计温度范围为－269～900℃。

GB/T 150 以材料力学及弹性力学中的简化模型为基础，确定筒体与部件中平均应力的大小，只要此应力值在以弹性失效设计准则所确定的许用应力范围之内，则认为筒体和部件是安全的。在一些结构不连续的局部区域，由于影响的局部性，产生的应力即使超过材料的屈服强度也不会造成容器整体强度失效，可以给予较高的许用应力。不过，由于应力集中，该区域往往又是容器疲劳失效的“源区”，因此需要按其他标准进行疲劳强度校核。

2.3.2 JB 4732 的失效设计

JB 4732《钢制压力容器——分析设计标准》是我国第一部压力容器分析设计的行业标准，其基本思路与 ASME BPVC. Ⅷ. 2 相同。该标准与 GB/T 150 同时实施，在满足各自要求的前提下，设计者可选择其中之一使用，但不得混用。

分析设计以塑性失效准则为基础，采用精细力学分析手段的压力容器设计方法。目前，分析设计主要包括应力分类法和基于失效模式的直接法。

① 应力分类法　是以弹性应力分析和塑性失效准则为基础的设计方法。压力容器所承受的载荷有多种类型。如压力载荷、重力载荷、支座反力载荷、风载荷及地震载荷等机械载荷和热载荷。这些载荷可能是施加在整台容器上（如压力载荷），也可能是施加在容器的局部部位（如支座反力载荷），载荷在容器中所产生的应力与分布及其对容器失效的影响也各

不相同。在设计时，必须先进行详细的弹性应力分析，即通过理论解、数值计算或者试验测量，将各种载荷作用下产生的弹性应力分别计算出来，然后根据塑性失效准则对弹性应力进行分类，再按等安全裕度原则限制各类应力，保证容器在预期的使用寿命内不发生失效。弹性应力分析时，假设容器始终处于弹性状态，即应力应变关系是线性的。这样得到的应力，当超过材料屈服强度时，是“虚拟应力”。应力分类法具有简单、通用、成熟等优点，是当今压力容器分析设计的主流方法。

② 基于失效模式的直接法　是根据压力容器结构和服役条件，确定压力容器潜在的失效模式，如总体塑性变形失效、渐增塑性变形失效、屈曲失效、疲劳失效等，再结合不同的载荷工况，对每种失效模式进行设计校核，直至全部合格的设计方法。基于失效模式的直接法具有概念清晰、适用性强的特点，是压力容器分析设计的发展方向。包括结构应变法和载荷系数法。

a. 结构应变法。先建立压力容器理想化模型，进行详细的弹塑性有限元分析，计算结构主应变，再结合失效模式和载荷工况，限制结构主应变最大值的绝对值。

b. 载荷系数法。先根据不同的载荷组合，引入载荷系数把载荷放大，再对压力容器及其部件进行弹塑性有限元分析，单调地逐步施加载荷。若计算中每步都能收敛到平衡解而不发散，则表明结构的抗力足以承受已用载荷系数放大了的载荷，设计合格。

2.3.3　ASME 的高温安定性设计

结构安定是指经历若干次载荷循环后设备中的累积塑性变形处于稳定，不影响其初始设计功能或失效的状态。承压设备的安定性分析主要考虑循环作用下设备的塑性行为，解析对应于渐进性塑性变形的极限载荷和边界。近年来，承压设备呈现出高温、高压、大型化和重载等极端化趋势，结构性能特征和承载潜力的安定性分析与设计受到重视，特别是复杂载荷条件下承压设备的安定性分析是工程不可缺少的内容。随着对结构安定性理论应用发展和基础研究的不断积累，基于安定性理论的相关分析方法先后被纳入各国规范，如 ASME、RCC-M、EN 13445 等。

ASME BPVC. Ⅲ.5 属于高温构件的安定性设计规范，主要内容包括：

① 设计目的　提供了一种可用于评定部件的应变、变形和疲劳限值分析的规则，这些部件的载荷所控制应力按 ASME BPVC 第Ⅲ卷第五分篇评定。

② 一般要求

a. 分析类型。预计蠕变效应明显的部位，一般要求进行非弹性分析，以对变形和应变给出定量评定。但是，对于要求进行详细非弹性分析的结构，有时可以合理地采用弹性和简化非弹性分析方法来确定变形、应变、应变范围和最大应力的保守界限，以减少结构上需要进行详细非弹性分析的部位数目。

b. 分析要求。设计载荷不要求做变形分析。D 级使用载荷除必须满足功能要求外，可不考虑应变和变形限制；A 级、B 级、C 级使用载荷需满足下面规定的应变和变形要求，而把试验载荷作为附加的 B 级使用载荷。

③ 功能要求的变形限制

a. 弹性分析方法。对载荷进行限制的目的在于限制累积的非弹性应变（沿壁厚平均）到不大于 1%，如图 2-9。但是，当采用弹性分析时，这样大小的非弹性应变的出现可能不明显。如果规定功能变形要求，在假定结构内出现1%的应变且其分布使可能最恶劣的变形状态与加载方向相一致时，设计人员应保证不违反这些要求。如果这样的变形状态并不会导致变形超过规定的限制，则应认为该部件所有功能要求在设计上已被证明。值得注意的是，按NBB-3200规则的弹性分析方法并不涉及二次应力或热应力。

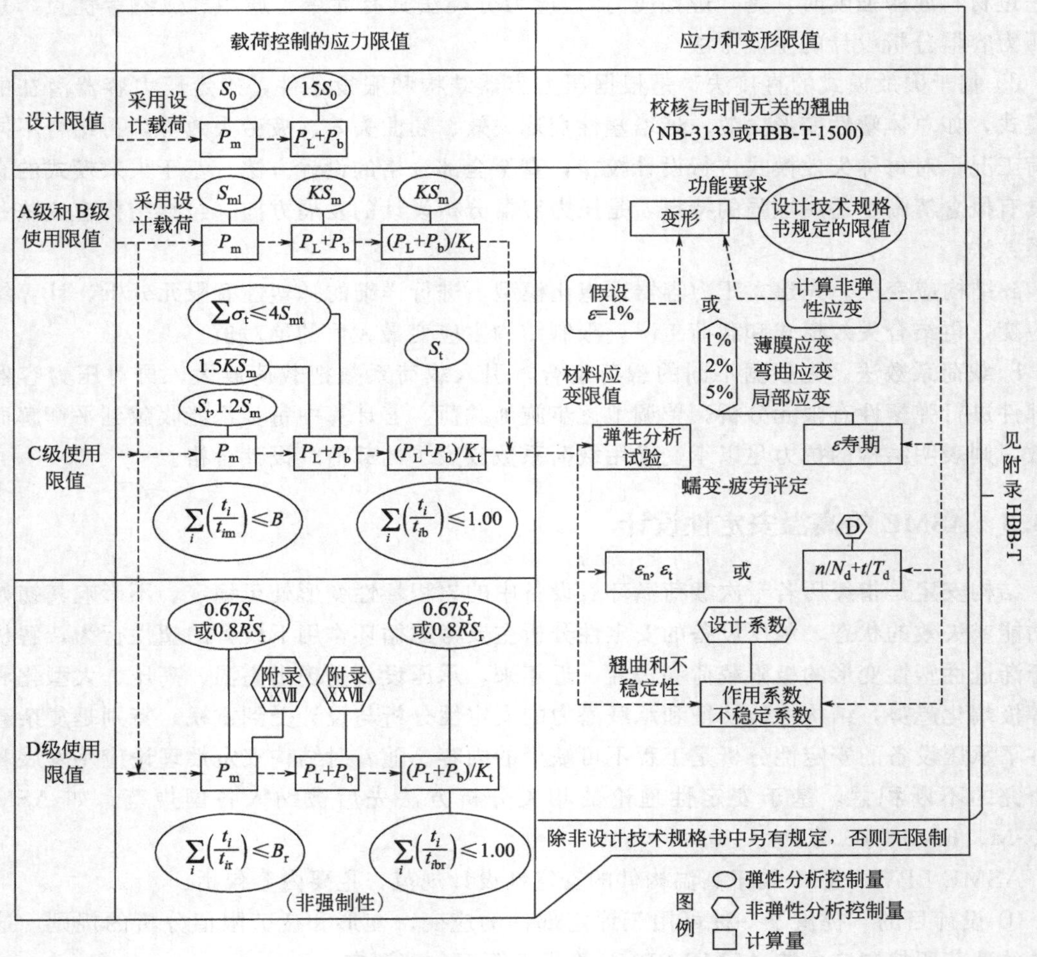

图 2-9 ASME BPVC. Ⅲ. NH-3221-1 高温分析流程

(NB-3133 即 ASME BPVC. Ⅲ. NB-3133，HBB-T 即 ASME BPVC. Ⅲ. 5 HBB-T)

b. 非弹性分析方法。除非已证明弹性分析方法适用，一般应采用非弹性分析方法，以证明变形不超过规定限制。

④ 结构完整性的变形和应变限制　在预计高温区域内，考虑预计运行寿命期内最大累积非弹性应变要求，包括沿厚度平均应变、任意点的局部应变要求等，限制适用于三个主应变的最大值。

第 3 章 规则设计

3.1 概述

规则设计法是相对于分析设计法的压力容器传统设计方法，也叫常规设计法。规则设计法以弹性失效为准则、薄膜应力为基础来计算元件的厚度。限定最大应力不超过一定的许用值。对容器中存在的边缘应力等局部应力以应力增强系数等形式加以体现，并对计及局部应力后的最大应力取与薄膜应力相同的强度许用值。

GB/T 150 是规则设计采用的常规标准，以弹性失效、失稳失效为设计准则，以材料力学、板壳理论公式为基础，引入应力增大系数和形状系数的设计方法。标准中的内压圆筒、球壳的厚度针对的是元件中的薄膜应力（一次总体薄膜应力），并控制在许用应力范围内。椭圆形封头、碟形封头的厚度则是计及封头及圆筒边缘效应的局部应力，并将其与薄膜应力叠加后的最大应力控制在许用应力范围内。尽管规则设计法不能完全准确反映壳体内应力状况，但设计过程简单，结论安全保守，能达到工程实际要求，在一般压力容器的设计中普遍采用。

(1) GB/T 150 适用范围

GB/T 150 规定了金属制压力容器的建造要求，明确了金属制压力容器材料、设计、制造、检验和验收的通用要求，适用于设计压力不大于 35MPa 的钢制压力容器，标准的适用设计温度范围为－269℃～900℃。

下列容器不在 GB/T 150 的适用范围内：

① 设计压力低于 0.1MPa 且真空度低于 0.02MPa 的容器；

② TSG R0005《移动式压力容器安全技术监察规程》管辖的容器；

③ 旋转或往复运动机械设备中自成整体或作为部件的受压器室（如泵壳、压缩机外壳、涡轮机外壳、液压缸等）；

④ 核能装置中存在中子辐射损伤失效风险的容器；

⑤ 直接火焰加热的容器；

⑥ 内直径（对非圆形截面，指截面内边界的最大几何尺寸，如：矩形为对角线，椭圆为长轴）小于 150mm 的容器；

⑦ 搪玻璃容器和制冷空调行业中另有国家标准或行业标准的容器。

（2）专用技术标准

进行规则设计时，既要满足 GB/T 150 要求，还必须满足以下专用技术标准的相关规定。

GB/T 151—2014《热交换器》

GB/T 12337—2014《钢制球形储罐》

NB/T 47041—2014《塔式容器》

NB/T 47042—2014《卧式容器》

JB/T 4734—2002《铝制焊接容器》

JB/T 4745—2002《钛制焊接容器》

JB/T 4755—2006《铜制压力容器》

JB/T 4756—2006《镍及镍合金制压力容器》

NB/T 47011—2010《锆制压力容器》

绝大部分压力容器在运行时，操作温度和操作压力稳定，波动较小，运行条件不苛刻，在进行设计时采用规则设计法即可满足安全要求。下面以羰基化反应器为例对规则设计法的设计过程进行介绍。

3.2 基本方案设计

国内某企业新建某项目中需要一台羰基化反应器，反应器拟采用固定管板式换热器结构。反应过程需要的催化剂堆放在换热管内，管程介质为工艺气，具有中度危害、易爆、强腐蚀等特性，工作压力为 0.7MPa，工作温度为 50～150℃；壳程采用冷却水降温，工作压力为 0.4MPa，工作温度为 120℃。

3.2.1 工艺设计

根据工艺条件，该反应器选择固定管板式换热器结构形式，工艺气走管程，催化剂放置在换热管内，壳程采用冷却水进行降温。为便于催化剂装卸，反应器采用立式结构。

反应器主要参数如下：

公称直径为 3400mm，换热面积为 2200m^2；

换热管规格为 ϕ33.4mm×2mm×4800mm，正三角形排列，管间距为 42mm；

折流板形式为单弓形，数量为 4 件；

换热管平均金属壁温为 115.5℃，壳程筒体平均金属壁温为 107.5℃。

3.2.2　设计标准

羰基化反应器为固定管板式换热器，有管程和壳程两个腔室，在设计时应分别按各腔室操作条件进行设计。

（1）壳程

工作压力为 0.4MPa；设备直径为 3400mm，容积大于 30L；介质为冷却水，工作温度为 120℃，高于标准沸点。符合 TSG 21 监管的条件，根据压力容器类别划分规定，反应器壳程腔室属于Ⅰ类压力容器。

（2）管程

工作压力为 0.7MPa；设备直径为 3400mm，容积大于 30L；介质为工艺气。符合 TSG 21 监管的条件，根据压力容器类别划分规定，反应器管程腔室属于Ⅱ类压力容器。

用户要求，该反应器采用我国的设计标准。设备在运行过程中，工作压力、工作温度等操作条件稳定，采用规则设计法进行设计即可满足安全要求。综合考虑，在进行羰基化反应器设计时，安全技术规范符合 TSG 21《固定式压力容器安全技术监察规程》，通用技术标准选用 GB/T 150，专项技术标准选用 GB/T 151《热交换器》。

3.2.3　材料选择

根据反应器的操作条件（工作温度、工作压力、介质特性），考虑安全、制造、经济性、市场供应等因素，在 GB/T 150.2《压力容器 第 2 部分：材料》和 GB/T 151《热交换器》中选择各零件的材料。

（1）壳程

工作压力 0.4MPa，工作温度 120℃，冷却水有微弱的腐蚀性。在选择壳程材料时，考虑材料的加工性能、经济性、市场供应情况等因素，壳程筒体材料选 Q345R。壳程其余材料见表 3-1。

（2）管程

工作压力为 0.7MPa，工作温度 50～150℃，工艺气具有较强腐蚀性。根据工艺气的组成成分及温度等因素，与工艺气接触的零件材料应选择耐腐蚀的材料。换热管选用 SA-789 S32750，管箱筒体和封头选用 Inconel625，考虑 Inconel625 材料价格高、制造要求严等因素，管箱筒体采用 Inconel625＋Q345R 的复合板结构，管板采用 16MnⅣ＋Inconel625 的堆焊结构。管程其余材料见表 3-1。

表 3-1　羰基化反应器零件材料表

壳程筒体	Q345R
管箱筒体	Inconel625＋Q345R
封头	Inconel625＋Q345R
管板	16MnⅣ＋Inconel625
壳程管法兰	16MnⅡ
管箱管法兰(工艺接管)	16MnⅢ＋Inconel625 堆焊

续表

换热管	SA-789 S32750
定距管	20
折流板	Q235B
拉杆	Q235B
壳程接管	Q345R
管程接管	Inconel625＋Q345R

3.2.4 结构设计

(1) 总体结构

羰基化反应器为管壳式换热器结构，反应过程中加入催化剂，工艺气走管程，整体结构采用立式固定管板式，如图 3-1。

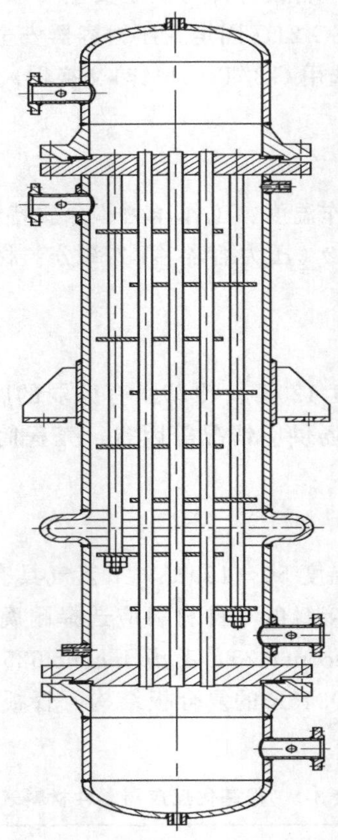

图 3-1 立式固定管板式换热器

(2) 上管箱

工艺气进口设置在上管箱，为满足气体均匀分布，设置 800mm 的筒节；管程工作压力 0.7MPa，采用椭圆形封头；管箱为复合板；管箱外设置蒸汽加热盘管。

(3) 下管箱

工艺气出口设置在下管箱，为支承管内的催化剂，在下管箱设置两层支承栅板，栅板上铺丝网；筒节段开设人孔，用于催化剂的卸出；出口管设置收集器，上铺 6 层丝网，避免催化剂进入后续设备；管箱外设置蒸汽保温盘管。

(4) 壳程筒体

压力容器圆形筒体有单层卷焊式、单层锻焊式、整体锻造式、层板包扎式、热套式、扁平钢带错绕式等多种结构型式。

羰基化反应器壳程操作压力仅 0.4MPa，壳层筒体厚度相对较薄，宜选用单层卷焊式结构。

(5) 管板

管板主要用于换热管的布置和固定。管板与壳体的连接分为可拆式和不可拆式两大类，其中不可拆结构包括管板兼作法兰和不兼作法兰两种情况。当管板不兼作法兰时，无法兰力矩作用在管板上，从而改善了管板的受力情况。

工艺气具有易爆、强腐蚀特点，对密封性能要求较高，管板采用不兼作法兰不可拆 b 型管板，如图 3-2。

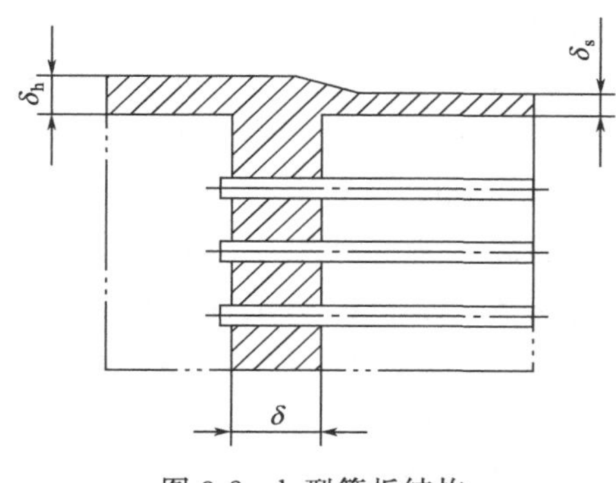

图 3-2 b 型管板结构

(6) 法兰

法兰连接是压力容器零部件之间最常用的可拆连接方式，由连接件、被连接件和密封元件组成。

法兰分为整体法兰、活套法兰和螺纹法兰，其密封面包括全平面、突面、凹凸面、榫槽面和环连接面。

在过程工业中用的法兰标准有两个，即压力容器法兰标准和管法兰标准。

我国现行压力容器法兰标准为 NB/T 47021～47023，其最大公称压力为 4.0MPa，超过 4.0MPa 的法兰需要进行设计计算校核。

我国现行管法兰标准为 HG/T 20592～20635《钢制管法兰、垫片、紧固件》、GB/T 9124《钢制管法兰》。

羰基化反应器的管程和壳程通过管板焊接，管箱不需要压力容器法兰。管程和壳程存在工艺管线连接口，且管、壳程压力为低压，温度为常温，宜选用中低压管法兰进行连接。根据压力及介质密封需要，法兰密封面选择突面（RF）密封面，法兰结构选择带颈对焊法兰（WN）结构，如图 3-3。

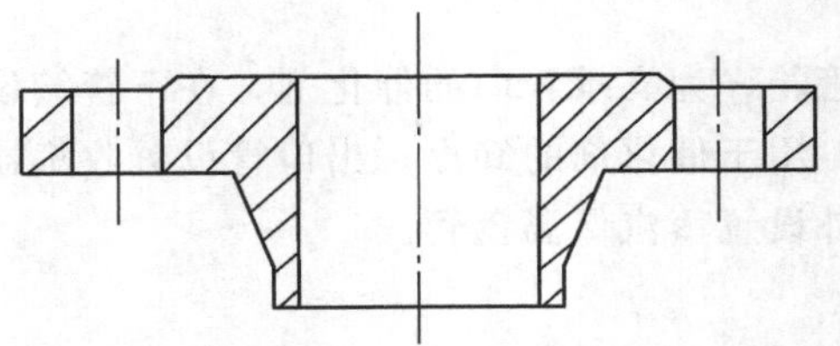

图 3-3　带颈对焊法兰

根据工作温度 150℃、工作压力 0.7MPa 和法兰材料基体材料 16Mn Ⅱ，按 HG/T 20615—2009《钢制管法兰（Class 系列）》的规定，确定管法兰的公称压力为 *PN*20 (Class 150)。

其标记（N1 接管法兰）为

法兰 WN500-150 RF

(7) 支座

支座用来支承压力容器的重量，使其固定在设定的位置。

支座的结构形式多种多样，根据容器自身的型式将支座分为卧式容器支座和立式容器支座。立式容器支座又包括耳式支座、腿式支座、支承式支座、刚性环支座和裙式支座，其中裙式支座用于高大的塔式设备，其余四种支座适用于中小型立式容器。

羰基化反应器设备直径为 3400mm，总体高度低于 10m，不属于塔式类高大设备，不宜采用裙式支座。羰基化反应器属于管壳式换热器结构，自身重量较大，且设备直径较大，高度相对较高，为保证其安装、运行的稳定性，宜采用支座位置在容器中上部的支座，即耳式支座（如图 3-4）或刚性环支座（如图 3-5）两种结构形式。耳式支座与容器壳体连接面（或垫板）较小，对于自身重量较大的羰基化反应器，容易因自重导致耳式支座安装部位的容器壳体出现严重的应力集中。而刚性环支座与容器壳体连接面较大，承载分布均匀，受力效果好，且羰基化反应器的筒体直径、设计温度、高径比均在刚性环支座的适用范围内。

综上考虑，羰基化反应器支座选用刚性环支座。

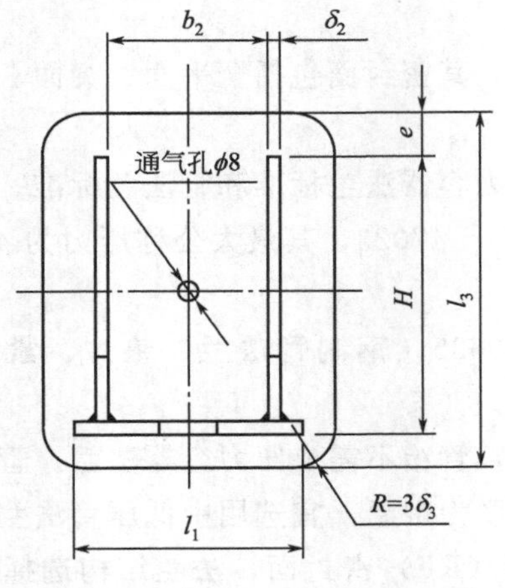

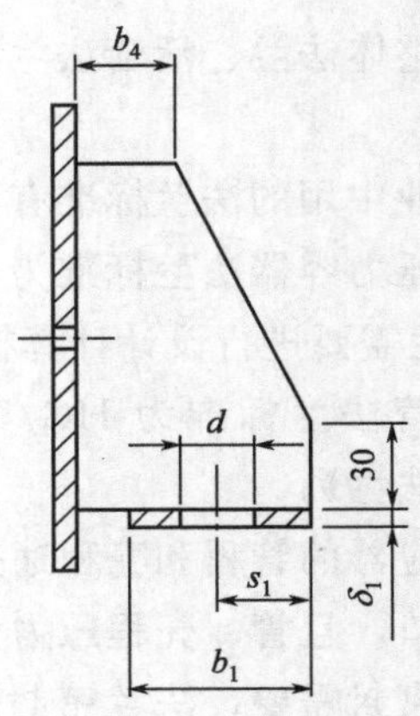

图 3-4　耳式支座

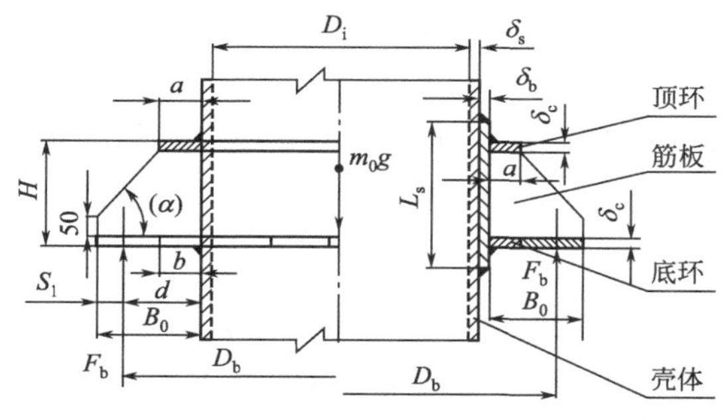

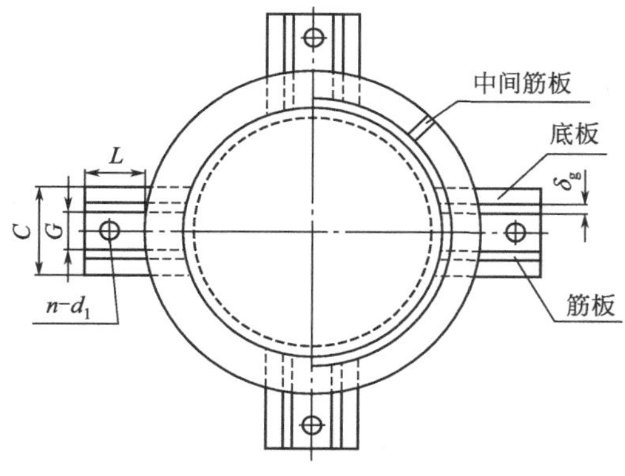

图 3-5　刚性环支座

根据羰基化反应器支座安装部位的筒体公称直径 DN、承载的设计竖向载荷 W 及外力矩 M_0，在 NB/T 47065.5—2018《容器支座 第 5 部分：刚性环支座》选择 A3400-4-Ⅱ-20 型支座，材料为 Q345R。

(8) 人孔

压力容器在制造、使用、检验、维修过程中，需要进入容器或观察内部情况时，应在容器壳体上设置人孔、手孔或检查孔。人孔和手孔应按 HG/T 21514～21535—2014《钢制人孔和手孔［合订本］》和 HG/T 21594—2014、HG/T 21596～21600—2014、HG/T 21602—2014《衬不锈钢人孔和手孔［合订本］》选用。

人孔、手孔设置应满足以下规定：

① 容器公称直径大于或等于 1000mm 时宜设置人孔；

② 容器公称直径小于 1000mm 时宜优先考虑设置手孔或检查孔；

③ 容器上的管口如能起到检查孔的作用，可不单独设置检查孔；

④ 容器公称直径小于或等于 300mm 时可不设置检查孔；

⑤ 管壳式换热器的壳程可不设置检查孔。

羰基化反应器壳程筒体上无须设置人孔装置。上、下管箱需要入内检验、维修和装卸催化剂，需要设置人孔。上管箱人孔设置在封头部位，下管箱设置在筒节部位。根据管程介质工艺气的易爆特性，人孔选用 HG/T 21521—2014《垂直吊盖带颈对焊法兰人孔》中的：人孔 RF Ⅲ t(W·D-2929) 600-16。

(9) 放空口、排净口

壳程介质为工业水，出口接管距上管板面有一定距离，运行中若出口管以上的空气未排出，则会导致出口管以上的换热管起不到换热作用，甚至会因“干”管产生故障问题，须在上管板水平位置设置放空口。

冷却水进口管距下管板面有一定距离，停车时进口管以下的冷却水不能排出会导致积液，影响设备安全和检查维修安全，因此在下管板水平位置设置排净口。

(10) 温度计接口

工艺气走管程，需对管内介质的温度变化情况进行监测，在反应器顶部设置 4 处远传温度计口。由于温度计伸入管箱内与介质接触，且管箱内介质具有腐蚀特性，温度计采用保护套管进行保护，其结构按测温套管组件，见施工图××××-××-5。

(11) 压力表接口

运行过程中，需要对反应器压力状况进行监测，在上、下管箱各设置 2 个远程压力计接口。上管箱部位竖直设置，下管箱水平设置。

(12) 膨胀节

用户要求，在羰基化反应器壳程筒体设置立式单波膨胀节，其规格为 ZDLC（Ⅱ）U3400-1.6-1×16×1（S30408）。

3.3 设计计算过程

3.3.1 设计参数确定

(1) 设计压力及计算压力

设计压力是指设定的容器顶部的最高压力，与相应的设计温度一起作为容器的基本设计条件，其值不低于工作压力。

根据 GB/T 150.1 的规定，同时考虑反应器管程内介质具有中度危害和易爆特性，管程设计压力取工作压力的 1.10 倍，即：

$$P=1.10P_w \tag{3-1}$$

式中 P——设计压力，MPa；

P_w——最高工作压力，MPa。

将管程最高工作压力 $P_w=0.7$MPa 代入上式得管程设计压力为：

$$P=0.77\text{MPa}$$

根据用户要求，设计压力取值为 $P=0.9$MPa。计算压力是指在相应设计温度下，用以确定元件厚度的压力，包括液柱静压力等附加载荷。

反应器管程介质为气体，无液柱静压力，故计算压力取值为设计压力，即：

$$P_c=P=0.9\text{MPa}$$

同上，壳程设计压力取 $P=0.9$ MPa，计算压力 $P_c=P=0.9$MPa。

(2) 设计温度

根据 GB/T 150.1 的规定，同时参考 HG/T 20580—2020《钢制化工容器设计基础规范等六项汇编》要求，考虑反应器在换热管内进行的是反应过程，工作温度存在波动情况且大于 15℃，在确定设计温度取值时考虑取上限，即：

$$T = T_w + 30℃ \tag{3-2}$$

式中　T——设计温度，℃；

T_w——最高工作温度，℃。

将管程最高工作温度 T_w=150℃代入式（3-2）得管程设计温度为 T=180℃；

同上，壳程设计温度为 T=150℃。

（3）焊接接头系数

焊接接头系数选择主要根据压力容器 A、B 类对接接头的焊接结构特点（单面焊、双面焊，有无垫板）及无损检测的长度比例确定。

管程：介质工艺气具有中度危害、易爆等特性，对设备密封等质量要求较高。管箱筒体的对接焊接接头宜采用双面焊对接接头或相当于双面焊的全焊透对接接头，并进行 100%的无损检测（RT-Ⅱ合格），焊接接头系数取 ϕ=1.0。

壳程：介质冷却循环水具有无毒、非易爆等特性，反应器的对接焊接接头采用双面焊对接接头或相当于双面焊的全焊透对接接头，进行不低于 20%的无损检测（RT-Ⅲ合格），焊接接头系数取 ϕ=0.85。

（4）腐蚀裕量

管程：管程与物料接触的材料选用耐蚀性极好的 Inconel625 材料，物料（工艺气）对材料的腐蚀较弱；且管箱筒体采用 Inconel625＋Q345R 的复合板结构，管板采用 Inconel625＋16Mn 的堆焊结构，物料不与基层材料接触，故管程腐蚀裕量 C_2 取 0mm。

壳程：壳程与物料接触的材料采用耐蚀性能一般的 Q345R，综合考虑设备的使用寿命和材料在介质中的年腐蚀速率等因素，确定腐蚀裕量 C_2 取 3mm。

（5）材料厚度负偏差

根据各零件所采用材料，在对应的材料标准中查取材料厚度负偏差 C_1。

壳体材料标准为 GB/T 713—2014《锅炉和压力容器用钢板》，则材料厚度负偏差 C_1 取 0.3mm。

根据 GB/T 151《热交换器》规定，换热管 C_1 取 0mm。

（6）材料在设计温度下的许用应力

壳程：根据 GB/T 150.2 表 2 中的 Q345R 材料栏，结合壳程设计温度 150℃，考虑反应器公称直径因素，初步在厚度 16～36mm 范围选取材料在设计温度下的许用应力 $[\sigma]_s^t$=183MPa。

管程：同上，管箱基层材料在设计温度下的许用应力 $[\sigma]_t^t$=185.4MPa。

3.3.2　强度设计计算

（1）壳程筒体

壳程筒体采用钢板卷制，计算公式如下：

$$\delta = \frac{P_c D_i}{2[\sigma]_s^t \phi - P_c} \tag{3-3}$$

将 3.3.1 确定的设计参数代入，计算得壳程筒体计算壁厚为：

$$\delta=\frac{0.9\times3400}{2\times183\times0.85-0.9}=9.86(\mathrm{mm})$$

故设计厚度为：

$$\delta_d=\delta+C_2=9.86+3=12.86(\mathrm{mm})$$

名义厚度为：

$$\delta_n=\delta_d+C_1+\text{圆整量}=12.86+0.3+\text{圆整量}=13.16+\text{圆整量}=14(\mathrm{mm})$$

根据 GB/T 151 中关于最小厚度规定，壳程筒体最终名义厚度取 $\delta_n=20\mathrm{mm}$。

(2) 上管箱筒体

上管箱筒体采用复合板材料，复层材料为 4mm 厚的 Inconel625 材料，基层采用 Q345R，强度设计时仅考虑基层材料。

将管程设计参数代入，计算得上管箱筒体计算壁厚为：

$$\delta=\frac{0.9\times3408}{2\times185.4\times1.0-0.9}=8.29(\mathrm{mm})$$

故设计厚度为：

$$\delta_d=\delta+C_2=8.29+0=8.29(\mathrm{mm})$$

名义厚度为：

$$\delta_n=\delta_d+C_1+\text{圆整量}=8.29+0.3+\text{圆整量}=8.59+\text{圆整量}=9(\mathrm{mm})$$

根据管箱筒体材料复合工艺需要，管箱筒体最终名义厚度取 $\delta_n=16\mathrm{mm}$。

(3) 上管箱封头

管箱封头选用的是标准椭圆封头结构，与之相连接的管箱筒体采用钢板卷制，在进行封头强度设计时应采用以内径表示的公式进行计算，其计算公式如下：

$$\delta_h=\frac{KP_cD_i}{2[\sigma]_t^t\phi-0.5P_c} \tag{3-4}$$

将管程设计参数 K 代入，计算得管箱封头计算壁厚为：

$$\delta_h=\frac{1\times0.9\times3408}{2\times185.4\times1.0-0.5\times0.9}=8.26(\mathrm{mm})$$

故设计厚度为：

$$\delta_d=\delta+C_2=8.26+0=8.26(\mathrm{mm})$$

名义厚度为：

$$\delta_n=\delta_d+C_1+\text{圆整量}=8.26+0.3+\text{圆整量}=8.56+\text{圆整量}=9(\mathrm{mm})$$

根据管箱封头材料复合工艺需要，壳程筒体名义厚度取 $\delta_n=16\mathrm{mm}$。

因无液柱静压力，上、下管箱封头厚度计算结果相同，基层名义厚度取 $\delta_n=16\mathrm{mm}$。

3.3.3 开孔补强计算

接管开孔削弱了壳体强度，应进行开孔补强计算。

羰基化反应器的接管 N9（放空口）、N10（排净口）设置在管板上，接管 N12 和 N14（蒸汽进口）、N13 和 N15（蒸汽冷凝液出口）为设置在管箱外部的盘管，未在反应器壳体上开孔，无须进行补强计算。

其余接管均设置在反应器壳体上，且不满足 GB/T 150.3—2011《压力容器 第 3 部分：设计》第 6.1.3 条关于“不另行补强的最大开孔直径”的要求，需要进行开孔补强计算。现以 N1 接管为例进行开孔补强计算，其补强区的有效范围如图 3-6，计算使用符号如下。

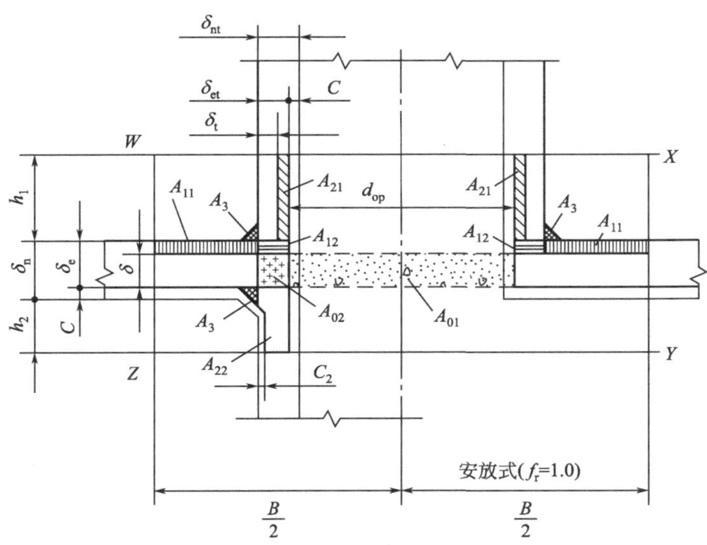

图 3-6　有效补强范围

δ_n——壳体名义厚度，mm；

δ_e——壳体有效厚度，mm；

δ——壳体计算厚度，mm；

δ_{nt}——接管名义厚度，mm；

δ_{et}——接管有效厚度，mm；

δ_t——接管计算厚度，mm；

h_1——接管外侧有效高度，mm；

h_2——接管内侧有效高度，mm；

A——开孔削弱所需要补强截面积，mm²，$A=A_{01}+A_{02}(1-f_r)$；

A_{01}——开孔在壳体计算厚度截面上切去的截面积，mm²，$A_{01}=d_{op}\delta$；

A_{02}——接管材料有效厚度区域在壳体计算厚度截面上的截面积，mm²，$A_{02}=2\delta\delta_{et}$；

A_e——补强面积，mm²，$A_e=A_1+A_2+A_3$；

A_1——壳体有效厚度减去计算厚度之外的多余面积，mm²，$A_1=A_{11}+A_{12}f_r$；

A_{11}——接管外径以外有效区域内，壳体有效厚度减去计算厚度之外的多余面积，mm²，$A_{11}=(B-d_{op})(\delta_e-\delta)-2\delta_{et}(\delta_e-\delta)$；

A_{12}——接管有效厚度区域内，壳体有效厚度减去计算厚度之外的多余面积，mm²，$A_{12}=2\delta_{et}(\delta_e-\delta)$；

A_2——接管有效厚度减去计算厚度之外的多余面积，mm²，$A_2=A_{21}f_r+A_{22}f_r$；

A_{21}——接管外侧有效高度内，接管有效厚度减去计算厚度之外的多余面积，mm²，$A_{21}=2h_1(\delta_{et}-\delta_t)$；

A_{22}——接管内侧有效高度内，接管有效厚度减去腐蚀裕量之外的多余面积，mm²，$A_{22}=2h_2(\delta_{et}-C_2)$；

A_3——焊缝金属截面积，mm²；

B——补强有效宽度，mm；

C——厚度附加量，mm，$C=C_1+C_2$；

C_1——材料厚度负偏差，mm；

C_2——腐蚀裕量，mm；

d_i——接管内直径，mm；

d_o——接管外直径，mm；

d_{op}——开孔直径，mm。

N1 接管布置在上管箱封头顶部，中心线与封头法线间的夹角为 0°。接管采用 Inconel625/Q345R 复合板卷制，复层厚度 4mm，基层厚度 16mm，外径为 ϕ508mm。

N1 接管补强计算参数：ϕ508mm×(4+16)mm，材料为 Q345R，焊接接头系数取 $\phi=1.0$，外伸长度为 200mm，内伸长度为 0mm，强度削弱系数 $f_r=1.0$。

壳体名义厚度为 $\delta_n=16$mm，接管名义厚度 $\delta_{nt}=16$mm。

该接管外径为 508mm，而壳体直径为 3408mm（公称直径+2 倍复层厚度），采用等面积法进行开孔补强校核计算。

壳体计算厚度：

$$\delta=8.26\text{mm}$$

接管计算厚度：

$$\delta_t=\frac{P_c(D_o-2\delta_n)}{2[\sigma]^t\phi-P_c}=\frac{0.9\times(508-2\times16)}{2\times185.4\times1.0-0.9}=1.158(\text{mm})$$

开孔直径：

$$d_{op}=d_i+2C=d_o-2\delta_{nt}+2C=508-2\times16+2\times0=476(\text{mm})$$

接管内衬耐腐蚀材料，基层材料无腐蚀，故接管有效厚度为 $\delta_{et}=16$mm。

接管补强有效宽度为：

$$B=\max\{2d_{op},d_{op}+2\delta_n+2\delta_{nt}\}=\max\{2\times476,476+2\times14+2\times16\}=952(\text{mm})$$

接管外侧有效高度为：

$$h_1=\min\{\sqrt{d_{op}\delta_{nt}},200\}=\min\{\sqrt{476\times16},200\}=82.27(\text{mm})$$

接管内侧有效高度为：

$$h_2=\min\{\sqrt{d_{op}\delta_{nt}},0\}=\min\{\sqrt{476\times16},0\}=0(\text{mm})$$

需要补强的金属面积：

$$A=d_{op}\delta=476\times8.26=3932(\text{mm}^2)$$

可作为补强金属的面积包括：

① 壳体有效厚度减去计算厚度之外的多余面积：

$$A_1=(B-d_{op})\times(\delta_e-\delta)=3137(\text{mm}^2)$$

② 接管有效厚度减去计算厚度之外的多余面积：

$$A_2=2h_1(\delta_{et}-\delta_t)f_r=2590(\text{mm}^2)$$

③ 焊缝金属截面积：

$$A_3=36(\text{mm}^2)$$

故，可作为补强金属的面积为：

$$A_e=A_1+A_2+A_3=3137+2590+36=5763(\text{mm}^2)$$

比较可知：

$$A_e>A$$

故，N1 接管自身补强面积足够，不需另加补强。

其余各接管按以上步骤进行校核计算，均不需另加补强。

3.3.4 管子拉脱力计算

计算数据按表 3-2 选取。

表 3-2　管子拉脱力计算数据表

项目	单位	换热管	壳程筒体
工作压力 P	MPa	0.7	0.4
平均金属壁温 t	℃	$t_t=115.5$	$t_s=107.5$
材质		SA-789 S32750	Q345R
平均温度下的线胀系数 α	$℃^{-1}$	13.19×10^{-6}	11.58×10^{-6}
平均温度下的弹性模量 E	MPa	192.8×10^3	196.6×10^3
许用应力	MPa	286.4	189
换热管尺寸	mm×mm×mm	$\phi33.4\times2\times4800$	
换热管根数 n		4698	
换热管排列		正三角形	
管间距 a	mm	42	
换热管与管板的连接方式		强度焊(氩弧焊)+贴胀	
焊缝高度 l	mm	3	
许用拉脱力[q]	MPa	143.2	

① 在操作压力条件下，换热管每平方米焊接周边上所受到的力：

$$q_p=\frac{Pf}{\pi d_o l} \tag{3-5}$$

其中：

$$f=0.866a^2-\frac{\pi}{4}d_o^2=0.866\times42^2-\frac{\pi}{4}\times33.4^2=651.9(\mathrm{mm}^2)$$

$$P=0.7\mathrm{MPa}$$

$$l=3\mathrm{mm}$$

将以上参数代入式（3-5）得：

$$q_p=\frac{0.7\times651.9}{3.14\times33.4\times3}=1.45(\mathrm{MPa})$$

② 温差应力导致换热管每平方米焊接周边上所受的力：

$$q_t=\frac{\sigma_t(d_o^2-d_t^2)}{4d_o l} \tag{3-6}$$

其中：

$$\sigma_t=\frac{\alpha E(t_t-t_s)}{1+\frac{A_t}{A_s}}$$

$$A_s=\pi(D_i+\delta_n)\delta_n=3.14\times(3400+20)\times20=214776(\mathrm{mm}^2)$$

$$A_t=\frac{\pi}{4}(d_o^2-d_i^2)n=\frac{\pi}{4}\times(33.4^2-29.4^2)\times4698=926408(\mathrm{mm}^2)$$

则有：

$$\sigma_t=\frac{13.19\times10^{-6}\times192.8\times10^3\times(115.5-107.5)}{1+\frac{214776}{926408}}=16.52(\mathrm{MPa})$$

将以上参数代入式（3-6）得：

$$q_t=\frac{16.52\times(33.4^2-29.4^2)}{4\times33.4\times3}=10.35(\text{MPa})$$

由已知条件可知，q_p 与 q_t 的作用方向相反，故换热管的拉脱力为：

$$q=|q_p-q_t|=|1.45-10.35|=8.9(\text{MPa})<[q]=143.2(\text{MPa})$$

因此，拉脱力在许用范围内。

3.3.5 膨胀节计算

① 由壳体和管子间的温差所产生的轴向力 F_1：

$$F_1=\frac{\alpha_t(t_t-t_0)-\alpha_s(t_s-t_0)}{\dfrac{1}{E_tA_t}-\dfrac{1}{E_sA_s}} \tag{3-7}$$

式中 α_t——换热管材料线胀系数，℃$^{-1}$；

$$\alpha_t=13.19\times10^{-6}℃^{-1}$$

α_s——壳程筒体材料线胀系数，℃$^{-1}$；

$$\alpha_s=11.58\times10^{-6}℃^{-1}$$

t_0——安装时的温度，℃；

$$t_0=20℃$$

t_t——操作状态下换热管壁温，℃；

$$t_t=115.5℃$$

t_s——操作状态下壳体壁温，℃；

$$t_s=107.5℃$$

E_t——换热管材料弹性模量，MPa；

$$E_t=192.8\times10^3\text{MPa}$$

E_s——壳程筒体材料弹性模量，MPa；

$$E_s=196.6\times10^3\ \text{MPa}$$

A_s——壳程筒体横截面面积，mm^2；

$$A_s=\pi D\delta_n=\pi\times(3400+20)\times20=214776(\text{mm}^2)$$

A_t——换热管束横截面面积，mm^2；

$$A_t=\frac{\pi}{4}(d_o^2-d_i^2)n=\frac{\pi}{4}\times(33.4^2-29.4^2)\times4698=926408(\text{mm}^2)$$

将以上参数代入，得由壳体和管子间的温差所产生的轴向力为：

$$F_1=\frac{13.19\times10^{-6}\times(115.5-20)-11.58\times10^{-6}\times(107.5-20)}{\dfrac{1}{192.8\times10^3\times926408}+\dfrac{1}{196.6\times10^3\times214776}}=8.41\times10^6(\text{N})$$

② 由壳程和管程压力作用于壳体上所产生的轴向力 F_2：

$$F_2=\frac{QA_sE_s}{A_sE_s+A_tE_t} \tag{3-8}$$

其中：

$$Q=\frac{\pi}{4}[(D_i^2-nd_o^2)P_s+n(d_o-2\delta_t)^2P_t]$$

$$=\frac{\pi}{4}[(3400^2-4698\times33.4^2)\times0.9+4698\times(33.4-2\times2)^2\times0.9]$$

$$=7.33\times10^6(\mathrm{N})$$

将以上参数代入得由壳程和管程压力作用于壳体上所产生的轴向力为：

$$F_2=\frac{7.33\times10^6\times214776\times196.6\times10^3}{214776\times196.6\times10^3+926408\times192.8\times10^3}=1.40\times10^6(\mathrm{N})$$

③ 由壳程和管程压力作用于管子上所产生的轴向力 F_3：

$$F_3=\frac{QA_tE_t}{A_sE_s+A_tE_t} \tag{3-9}$$

将数据代入得由壳程和管程压力作用于管子上所产生的轴向力为：

$$F_3=\frac{7.33\times10^6\times926408\times192.8\times10^3}{214776\times196.6\times10^3+926408\times192.8\times10^3}=5.93\times10^6(\mathrm{N})$$

④ 壳体和换热管的应力

壳体筒节的轴向应力为：

$$\sigma_s=\frac{F_1+F_2}{A_s}=\frac{8.41\times10^6+1.40\times10^6}{214776}=45.68(\mathrm{MPa})$$

换热管上的轴向应力为：

$$\sigma_t=\frac{-F_1+F_3}{A_t}=\frac{-8.41\times10^6+5.93\times10^6}{926408}=-2.68(\mathrm{MPa})$$

⑤ 是否设置膨胀节判断

根据 GB/T 151—2014《热交换器》有：

$$\sigma_s=45.68\mathrm{MPa}<2\phi[\sigma]_s^t=311.1\mathrm{MPa}$$

$$\sigma_t=-2.68\mathrm{MPa}<2\phi[\sigma]_t^t=421.6\mathrm{MPa}$$

$$q<[q]=0.5[\sigma]_t^t$$

根据拉脱力校核计算，该反应器可以不设置膨胀节。

用户根据羰基化反应器时实际运行条件，从应力角度进行保守考虑，要求在羰基化反应器上设置立式单波膨胀节。结合反应器结构和工艺条件，在 GB/T 16749—2018《压力容器波形膨胀节》中选择“膨胀节 ZDLC（Ⅱ）U3400-1.6-1×16×1（S30408）”，并采用 SW6-2011 进行校核计算，校核结论为合格。

3.3.6　管板设计计算

（1）基本参数

羰基化反应器的管板采用 b 型结构，与管箱、壳程筒体连接。

反应器公称直径：$DN=3400\mathrm{mm}$，即 $D_i=3400\mathrm{mm}$。

换热管规格：$\phi33.4\mathrm{mm}\times2\mathrm{mm}$，$L=4800\mathrm{mm}$。

换热管根数：$n=4698$。

换热管中心距：$S=42\mathrm{mm}$。

膨胀节按标准 GB/T 16749—2018，其具体尺寸见“膨胀节 ZDLC（Ⅱ）U3400-1.6-1×16×1（S30408）”。

焊接接头系数：管程 1.0，壳程 0.85。

管板校核/输入厚度：$\delta_n=150$mm。

（2）受压元件材料及数据（表 3-3）

表 3-3 材料的各类性能指标和许用应力（GB/T 150.2—2011）

项目	管箱筒体	换热管	管板	壳程筒体
材料	Q345R	S32750 SA-789	16MnⅣ	Q345R
设计温度下的许用应力/MPa		210.8	153.4	183
平均温度下的弹性模量/MPa	192.2×10^3	192.8×10^3		196.6×10^3
设计温度下的弹性模量/MPa		187.6×10^3	192.2×10^3	
平均温度下的线胀系数/℃$^{-1}$		13.19×10^{-6}		11.58×10^{-6}
设计温度下的屈服强度/MPa		474.4		

（3）管板校核计算

管板设计计算时，需对腐蚀前和腐蚀后两种不同情况进行校核计算，对腐蚀前、后两种情况又分别以仅有壳程压力 P_s 作用下的危险组合工况（$P_t=0$）、仅有管程压力 P_t 作用下的危险组合工况（$P_s=0$）、考虑壳程压力 P_s 和管程压力 P_t 同时作用的危险组合工况进行校核计算。

校核采用 SW6-2011 进行计算，校核结论为合格。

3.4 设计输出文件

羰基化反应器为一般Ⅱ类压力容器，其设计输出文件主要包括设计计算书和施工图。其设计计算书内容包括第 3.3 节内容。施工图包括羰基化反应器的装配图和零部件图，扫二维码可见施工图××××-××-1～××××-××-7。

第4章　分析设计

4.1　概述

目前，压力容器设计所采用的标准规范有两大类：一类是规则设计（也叫常规设计）标准，以GB/T 150《压力容器》和ASME BPVC. Ⅷ.1《第一册 压力容器建造规则》为代表；另一类是分析设计标准，以JB 4732《钢制压力容器——分析设计标准》和ASME BPVC. Ⅷ.2《第二册 另一规则》为代表。

规则设计和分析设计之间既独立又互补。独立性表现为：规则设计能独立完成的设计，可以直接应用，而不必再做分析设计；分析设计所完成的设计，也不受规则设计能否通过的影响。互补性表现为：规则设计不能独立完成的设计（如疲劳分析、复杂几何形状和载荷情况），可以用分析设计来补充完成；分析设计也常借助规则设计的公式来确定部件的初步设计方案，然后再做详细分析。

与规则设计相比，分析设计采用的材料力学性能安全系数相对更低。对于屈强比较大的材料，许用应力由抗拉强度控制，分析设计中的许用应力大于常规设计中的许用应力，这意味着采用分析设计可以适当减薄厚度、减轻重量。但分析设计对容器的材料、设计、制造、试验和检验等方面都提出了更高要求和更多限制条件。规则设计标准和分析设计标准各为整体，独立使用。

一般认为在下列情况之一时，考虑采用分析设计标准。

① 压力高、直径大的高参数压力容器或批量生产的压力容器。

② 常规设计适用范围以外的压力容器。

最早的压力容器设计并无分析设计的概念，都是将元件的最大主应力限于材料的强度性能（并引入一定的安全系数）以下而得出结构尺寸。随着科技的进步，以及元件结构、材料和载荷类型的多样化，人们逐步认识到在某些局部即使应力大大超过材料屈服强度也能安全操作。因此美国机械工程师协会（ASME）锅炉及压力容器规范（BPVC）委员会在1955年专门成立了“评述规范应力基准特别委员会”，对元件的失效方式和应力状态进行研究，提出了应力分类及其评定的思想，并于1965年和1968年先后在核容器规范和压力容器规范中引入了分析设计的内容，即ASME BPVC. Ⅷ.2。ASME规范明确地把Ⅷ.1称为建造规则，把Ⅷ.2称为建造另一规则，但业内习惯性地将Ⅷ.1称为“按规则设计”，Ⅷ.2称为“按分析设计”。

分析设计是指以塑性失效准则为基础，采用精细的力学分析手段的压力容器设计方法。这一思想广为国内外压力容器行业所接受，并制定了各自的容器标准。经过50多年的发展，分析设计的内涵不断得到扩充和完善。2002年，欧盟压力容器设计标准EN 13445：2002中给出了一种新的基于弹塑性分析的设计方法，称为“直接法”（direct route），随后，美国ASME BPVC在2007版Ⅷ.2进行了大量改写，除了应力分类法和极限载荷法外，也给出了一种新的设计方法，即弹塑性方法（elastic-plastic method）。

4.2 分析设计基础

4.2.1 分析设计方法

分析设计允许容器中出现局部塑性变形。要准确地计算塑性状态下的应力与变形就要采用塑性本构方程（包括屈服条件、硬化法则、流动法则、加卸载准则等复杂关系）、平衡方程和几何方程联立求解，多数情况下很难通过解析法计算。为解决这个问题，一般采用数值分析方法。目前分析设计主要包括应力分类法和基于失效模式的直接法。

（1）*应力分类法*

应力分类方法应用了50余年，具有简单、通用、保守、成熟的特点，仍然是当今压力容器设计制造企业采用的分析设计的主流方法。应力分类法是以线弹性应力计算和塑性失效准则为基础的分析设计方法。无论载荷多大，假定结构材料始终处于线弹性状态，在此条件下通过数值方法计算出元件中各处的名义应力，并将不同性质的载荷引起的应力进行分类，采用第三或第四强度理论确定当量应力，按照塑性失效准则对不同类别的应力及其组合规定不同的限制条件。JB 4732、ASME BPVC. Ⅷ第2分篇、欧盟标准和日本规范都提供了这种设计方法。

一般来说，应力分类法的结果偏于保守。对典型情况的应力分类参考JB 4732中表4-1。对于非典型的、有争议的应力可以采用极限载荷法或弹塑性分析法进行验证。

不宜采用应力分类法的情况如下：

① 非塑性和韧性差的承压部件　脆性材料制造的结构不具备应力重分布的能力，例如铸铁制造的承压结构、具有不规则内腔的高压阀体结构等。

② 厚壁压力容器　ASME BPVC. Ⅷ.2不推荐使用线弹性计算的应力分类法评估厚壁压力容器（$R/t\leqslant 4$，径比$K\geqslant 1.25$），尤其是结构不连续处。

③ 失效模式不同的结构。如法兰只要变形就会破坏密封导致泄漏，容器内部的支承构件一旦出现塑性变形就会影响其作为支承构件的作用，网壳顶承受外压失稳一般是在材料进入塑性之前发生，等等，这类结构不应采用应力分类法。

④ 螺纹根部　对螺纹锁紧环螺纹根部的评估可根据 JB 4732 的 3.7.4.2 条，按纯剪切控制根部的平均一次剪应力不超过 $0.6S_m$（S_m 为设计应力强度）。螺纹锁紧环筒体上靠近螺纹处的筒体壁厚处应控制此路径上一次局部应力加二次应力 $P_L+Q\leqslant R_{eL}(R_{p0.2})$，以防止筒体出现喇状扩张以致螺纹脱出。

（2）直接法

压力容器设计的重要任务是防止其失效。根据压力容器结构和服役条件，先确定压力容器潜在的失效模式，根据不同的失效模式进行设计校核，直至全部合格。这种设计方法称为基于失效模式的直接法，一般有结构应变法和载荷系数法。

① 结构应变法　不考虑局部结构引起局部应力/应变集中，对实际几何进行适当简化，进行详细的弹塑性有限元分析，计算结构主应变，结合失效模式和载荷工况，限制结构主应变最大值的绝对值。例如，对于总体塑性变形失效模式，在正常操作工况下结构主应变最大值的绝对值小于 5%，在压力试验工况下小于 7%时，设计校核通过。

② 载荷系数法　根据不同的载荷组合，引入载荷系数把载荷放大，对压力容器及其部件进行理想弹塑性有限元分析，单调地逐步施加载荷。若计算中每步都能收敛到平衡解而不发散，则表明结构的抗力足以承受已用载荷系数放大了的载荷，设计是合格的。基于失效模式的直接法具有概念清晰、适用性强的特点，有巨大的发展潜力。

4.2.2　弹性应力分类法

应力分类依据应力对容器强度失效所起作用的大小，取决于应力产生的原因、应力的作用区域、应力的分布性质三个因素。

① 产生应力的原因　各种机械载荷直接引起的应力都是由外载和内力之间的平衡关系导致的，因而载荷的增加直接导致容器应力或变形的增加，最后导致产生过量的变形直至破坏，无自限性；温差载荷引起的应力，由变形协调关系导出，具有自限性。温差载荷引起的应力对容器失效的危险程度不如由机械载荷引起的应力那么严重。

② 应力作用的区域　例如，压力对圆筒或封头直接引起的应力，遍布于圆筒或封头的整体区域；因开孔接管而对壳体或接管本身所引起的局部高应力，仅存在于壳体或接管的局部区域；圆筒和封头相连接附近的边缘应力，也因带有衰减性而仅存在于圆筒或封头连接处的局部区域。遍布于容器或组件整体区域的应力如果达到材料的屈服强度，继续增加载荷将导致容器整体范围的大变形而使容器失效；存在于容器局部区域的应力即使达到材料的屈服强度，继续增加载荷也只能使周围尚处于弹性状态材料的应力增加而使应力分布趋于均匀化，不会立即导致容器整体范围的大变形。所以，存在于容器整体区域的应力对容器失效的危险程度将大于存在于局部区域的应力。

③ 应力的分布性质　应力沿壁厚方向可分为线性和非线性分量，线性与非线性的分量对容器的危害程度不同。线性分量属于薄膜应力，一旦达到材料的屈服强度，整个壁厚范围的材料都已屈服而不能再增加载荷；而沿组件壁厚方向非线性分布的分量，即使组件表面达到材料的屈服强度，也可继续增加载荷，这将使屈服层由表面向内层扩展。

目前，压力容器中通用应力分类方法将应力分为三类：一次应力、二次应力和峰值应力。压力容器典型部位的应力分类见表 4-1。

表 4-1 压力容器典型部位的应力分类

容器部件	位置	应力的起因	应力的类型	符号
圆筒或球形壳体	远离不连续处的壳体	内压	一次总体薄膜应力 沿厚度的应力梯度——二次应力	P_m Q
		轴向温度梯度	薄膜应力——二次应力 弯曲应力——二次应力	Q Q
	与封头或法兰的连接处	内压	局部薄膜应力——一次应力 弯曲应力——二次应力	P_L Q
	在接管或其他开孔的附近	外部载荷或力矩,或内压	局部薄膜应力——一次应力 弯曲应力——二次应力 峰值应力	P_L Q F
碟形封头或锥形封头	顶部	内压	一次总体薄膜应力 一次弯曲应力	P_m P_b
	过渡区或与筒体连接处	内压	局部薄膜应力——一次应力 弯曲应力——二次应力	P_L Q
平盖	中心区	内压	一次总体薄膜应力 一次弯曲应力	P_m P_L
	与筒体连接处	内压	局部薄膜应力——一次应力 弯曲应力——二次应力	P_L Q
接管	接管壁	内压	一次总体薄膜应力 局部薄膜应力——一次应力 弯曲应力——二次应力 峰值应力	P_m P_L Q F
		膨胀差	薄膜应力——二次应力 弯曲应力——二次应力 峰值应力	Q Q F
任何部件	任意	径向温度梯度	当量线性应力——二次应力 应力分布的非线性部分——峰值应力	Q F

(1) *一次应力*

一次应力是指由机械载荷引起，需要满足内、外力和力矩平衡规律的正应力或剪应力。基本特征是非自限，超过屈服强度的一次应力将产生总体变形或结构失效。

一次应力又可分为一次薄膜应力和一次弯曲应力。

一次薄膜应力又可分为一次总体薄膜应力和局部薄膜应力。一次总体薄膜应力 P_m 不会由于屈服而引起载荷再分布。

一次弯曲应力为由施加的满足内、外力和力矩平衡规律所需要的载荷引起的弯曲应力。

一次总体薄膜应力的实例为，在圆筒或锥壳、球壳中由压力或其他均布载荷所引起的薄膜应力。

(2) *二次应力 Q*

二次应力是由于相邻组件的相互约束或结构的自身约束所引起的法向应力或剪应力。它的基本特征是具有自限性。二次应力的实例是总体热应力和总体结构不连续处的弯曲应力。

由于局部应力对失效的危害作用小于总体应力，总体热应力划为二次应力，局部热应力划为峰值应力。

(3) 峰值应力 F

峰值应力是由局部结构不连续和局部热应力的影响而叠加到一次加二次应力之上的应力增量。峰值应力最主要的特点是不引起任何显著的变形，可能导致疲劳裂纹或脆性断裂，例如小孔、焊缝缺陷或咬边处由机械载荷引起的峰值应力。

4.2.3 应力分类与强度评定

(1) 强度准则

工程上常采用的屈服失效判据主要有：Tresca 屈服失效判据和 Mises 屈服失效判据。

Tresca 屈服失效判据又称为最大切应力屈服失效判据或第三强度理论。这一判据认为，材料屈服的条件是最大切应力达到某个极限值，其数学表达式为：

$$\sigma_1-\sigma_3=R_{eL}$$

相应的设计准则为：

$$\sigma_1-\sigma_3\leqslant[\sigma]^t$$

Mises 屈服失效判据又称为形状改变比能屈服失效判据、最大应变能理论或第四强度理论。

这一判据认为引起材料屈服的是与应力偏量有关的形状改变比能，其数学表达式为：

$$\sqrt{\frac{1}{2}[(\sigma_1-\sigma_2)^2+(\sigma_2-\sigma_3)^2+(\sigma_3-\sigma_1)^2]}=R_{eL}$$

相应的设计准则为：

$$\sqrt{\frac{1}{2}[(\sigma_1-\sigma_2)^2+(\sigma_2-\sigma_3)^2+(\sigma_3-\sigma_1)^2]}\leqslant[\sigma]^t$$

目前，JB 4732 标准中采用的是第三强度理论，ASME PBVC 标准中采用的是第四强度理论。

(2) 当量应力评定原则

由于各类应力对容器强度危害程度不同，所以对它们的限制条件也各不相同，在分析设计中不采用统一的许用极限。一次应力的许用值由极限分析确定，主要目的是防止韧性断裂或塑性失稳；二次应力的许用值由安定性分析确定，目的在于防止塑性疲劳或过度塑性变形；而峰值应力的许用值由疲劳分析确定，目的在于防止由大小和（或）方向改变的载荷引起的疲劳。下面具体给出五类应力强度的安全判据（见表 4-2）。

① 一次总体薄膜应力强度 S_{I}　总体薄膜应力是容器承受外载荷的应力成分，在容器的整体范围内存在，没有自限性，对容器失效的影响最大。一次总体薄膜应力强度 S_{I} 的许用值是以极限分析原理来确定的。一次总体薄膜应力强度 S_{I} 的限制条件为 $S_{\mathrm{I}}\leqslant KS_m$。$K$ 为载荷组合系数，其值和容器所受的载荷和组合方式有关，大小范围为 1.0～1.25。

② 一次局部薄膜应力强度 S_{II}　局部薄膜应力是相对于总体薄膜应力而言，它的影响仅限于结构局部区域，同时由于包含了边缘效应所引起的薄膜应力，它还具有二次应力的性质。因此，在设计中，对它允许有比一次总体薄膜应力高，但比二次应力低的许用应力。一次局部薄膜应力强度 S_{II} 的限制条件为 $S_{\mathrm{II}}\leqslant 1.5KS_m$。

③ 一次薄膜（总体或局部）加一次弯曲应力强度 S_{III}　弯曲应力沿厚度呈线性变化，其对过程设备设计危害性比薄膜应力小。矩形截面梁的极限分析表明，在极限状态时，拉弯组合应力的上限是材料屈服强度的 1.5 倍。因此，在满足 $S_{\mathrm{I}} \leqslant S_m$ 及 $S_{\mathrm{II}} \leqslant 1.5S_m$ 的前提下，一次薄膜（总体或局部）加一次弯曲应力强度 S_{III} 许用值取设计应力强度的 1.5 倍，即 $S_{\mathrm{III}} \leqslant 1.5KS_m$。

④ 一次加二次应力强度 S_{IV}　根据安定性分析，一次加二次应力强度 S_{IV} 许用值为 $3S_m$，即 $S_{\mathrm{IV}} \leqslant 3S_m$。

需要注意，结构安定性的限制条件源于加、卸载循环的应力范围，设计应力强度 S_m 应取操作循环中最高与最低温度下材料 S_m 的平均值。计算一次加二次应力强度的变化范围时，应该考虑不同范围的操作循环的重叠，因为叠加以后的 S_{IV} 可能超过任一单独循环的范围。

⑤ 总应力强度 S_{V}　由于峰值应力同时具有自限性与局部性，它不会引起明显的变形，其危害性在于可能导致疲劳失效或脆性断裂。按疲劳失效设计准则，峰值应力强度应由疲劳设计曲线得到的应力幅 S_a 进行评定，即 $S_{\mathrm{V}} \leqslant S_a$。

表 4-2　应力分类及 S_{I}、S_{II}、S_{III}、S_{IV}、S_{V} 的许用极限

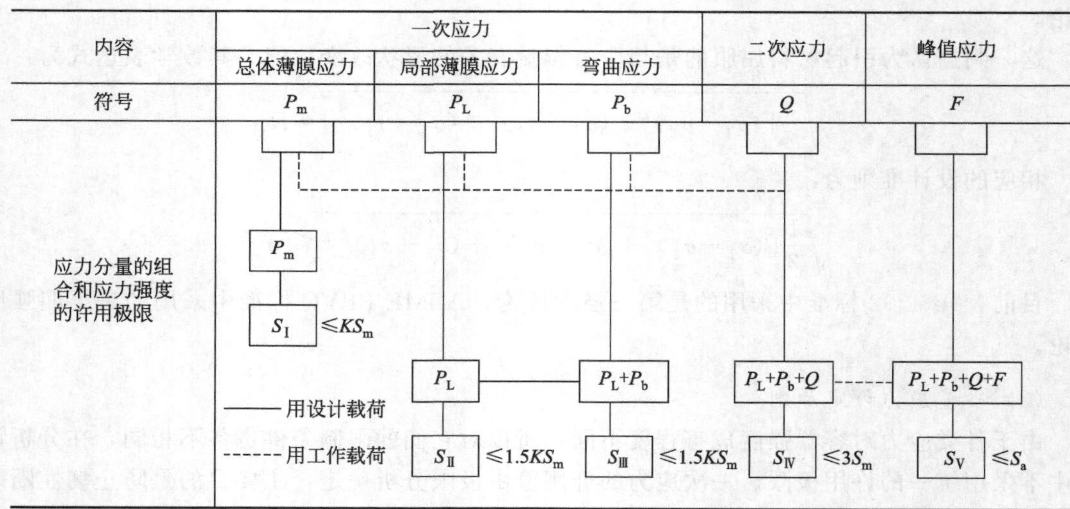

应力分析和强度评定中应注意以下几点。

① 正确地进行应力分类是强度评定中的关键问题。

② 应力的评定必须顺序进行。二次应力的评定必须有一次应力的评定基础。峰值应力的评定必须有一次、二次应力的评定基础。

③ 应力应评定最危险的位置（应力水平最高的位置），应力评定路径应穿过壁厚的直线。通常，在最大应力位置及临近区域尽可能多地取评定路径。

④ 对静载分析，只需要评定表 4-2 中的一次应力、二次应力，进行疲劳分析时则需要对所有项目进行评定。但无论静载分析还是疲劳分析，只有所有评定项目均通过才可以认为评定通过。

⑤ 温差应力与机械载荷带来的应力有所区分，按照不同的工况分别进行计算。

(3) 应力分析的过程

① 应力分析计算 根据设计要求确定压力容器的结构形式，利用分析设计标准中的厚度计算公式或根据压力容器的结构形式和载荷，选择公式法、解析法、数值分析法，以弹性理论计算容器重要部位的各应力分量，计算主应力，按照强度理论计算当量应力强度。

② 应力线性化 通过分析当量应力强度最大节点、其他高应力强度区选定节点及关注部位相应节点，并沿壁厚方向的最短方向设定应力线性化路径。按路径对应力进行线性化处理，分离出薄膜应力、弯曲应力和峰值应力，对于沿壁厚不均匀分布的应力分量 σ_{ij}，计算可得到沿壁厚的平均应力分量（亦即薄膜应力分量）σ_{ij}^{m} 和位于内外表面的最大弯曲应力分量 σ_{ij}^{b}；按式（4-1）计算可以得到位于内外表面的峰值应力分量 σ_{ij}^{F}。

$$\sigma_{ij}^{\mathrm{m}}=\frac{1}{t}\int_{0}^{t}\sigma_{ij}\,\mathrm{d}x$$

$$\sigma_{ij}^{\mathrm{b}}=\frac{6}{t^{2}}\int_{0}^{t}\sigma_{ij}\left(\frac{t}{2}-x\right)\mathrm{d}x$$

$$\sigma_{ij}^{\mathrm{F}}(x)\big|_{x=0}=\sigma_{ij}\big|_{x=0}-(\sigma_{ij}^{\mathrm{m}}+\sigma_{ij}^{\mathrm{b}})$$

$$\sigma_{ij}^{\mathrm{F}}(x)\big|_{x=t}=\sigma_{ij}\big|_{x=t}-(\sigma_{ij}^{\mathrm{m}}+\sigma_{ij}^{\mathrm{b}}) \tag{4-1}$$

对所有适用的载荷，计算各载荷下的应力张量 σ_{ij}（含 6 个应力分量），并将这些应力分量归入 5 个类别：P_{m}、P_{L}、P_{b}、Q、F。

选取路径可考虑以下几点：

a. 路径应该垂直于壳体中面；

b. 路径上的环向和径向应力应单调增加或减少，除非有局部的应力集中或局部热应力；

c. 路径上的剪应力应该呈抛物线分布，在内外表面上，剪应力近似为零；

③ 应力分量叠加 将各类应力的应力分量按同种类别分别叠加，即可得到所考虑载荷组合工况下的五组应力分量：P_{m}、P_{L}、$P_{\mathrm{L}}+P_{\mathrm{b}}$、$P_{\mathrm{L}}+P_{\mathrm{b}}+Q$ 和 $P_{\mathrm{L}}+P_{\mathrm{b}}+Q+F$。

④ 计算当量应力 由各类应力叠加后的五组 6 个应力分量分别计算各自的主应力 σ_1、σ_2 和 σ_3，取 $\sigma_1>\sigma_2>\sigma_3$。

采用第三强度理论，计算每组的最大主应力差：

$$S=\sigma_1-\sigma_3$$

⑤ 当量应力评定 计算得到的当量应力分别归入 5 组进行评定：

a. 一次总体薄膜当量应力 S_{I}（由 P_{m} 算得）；

b. 一次局部薄膜当量应力 S_{II}（由 P_{L} 算得）；

c. 一次薄膜（总体或局部）加一次弯曲当量应力 S_{III}（由 $P_{\mathrm{L}}+P_{\mathrm{b}}$算得）；

d. 一次加二次应力范围的当量应力 S_{IV}（由 $P_{\mathrm{L}}+P_{\mathrm{b}}+Q$ 算得）；

e. 总应力（一次加二次加峰值）范围的当量应力 S_{V}（由 $P_{\mathrm{L}}+P_{\mathrm{b}}+Q+F$ 组算得）。

4.2.4 有限元软件中线性化方法的操作

弹性分析设计方法是基于薄壳不连续理论发展起来的，应力分类是该方法工程实现的重要环节。尽管各国在压力容器设计规范标准中规定了应力分类方法的原则性规则，但在应用应力分类方法时却遇到很大困难。多年来，人们不断完善规范中的相关内容，总想获得更为方便实用的应力分类实现方法。

在进行压力容器应力分析时，除了常规的观察显示模型的表面或内部的应力、变形等，以及研究沿某条直线或曲线上的各种应力分布情况，更重要的是要设定评定路径并对路径上的应力进行应力线性化（stress linearizing），该方法在有限元分析中得到广泛应用。ANSYS、ABAQUS等有限元软件都提供应力等效线性化的后处理功能。

在ANSYS有限元分析中将常规的路径上应力分布以及应力线性化这两部分操作统称为路径操作（path operation），操作步骤如下：

① 启动ANSYS　读入数据库（Utility Menu | File | Resume Jobname. db或Resume from），读入结果文件（Main Menu | General Postproc | Read Results），并选择需要处理的工况或载荷步。

② 定义路径　执行Main Menu | General Postproc | Path Operations | Define Path | By Nodes命令（通过节点定义路径），弹出拾取框后，在图形界面内逐个按次序选定节点（也可以在拾取框的文本填写框中填写节点号并回车），点击拾取框的“OK”按钮。在弹出的“By Nodes”对话框中填入给定的路径名称，并确认，完成一条路径的定义。

③ 删除路径　对于不需要的路径可以删除，选择Main Menu | General Postproc | Path Operations | Delete Path | By Name命令，可通过名称删除路径。删除所有的路径选择Main Menu | General Postproc | Path Operations | Delete Path | All Paths命令。

④ 显示路径　执行Main Menu | General Postproc | Path Operations | Plot Paths命令可以在图形界面内观察路径显示。

⑤ 选定路径　当已经定义了多条路径时，执行命令Main Menu | General Postproc | Path Operations | Recall Path，在弹出的对话框中选择拟处理路径并确认，将拟处理的路径置为当前。

⑥ 线性化结果图形显示　执行Main Menu | General Postproc | Path Operations | Linearized Strs命令，在弹出的对话框中选择进行线性化的应力项目（在轴对称问题中，若母线为曲线时，还需要输入曲率半径）并确认，就得到当前路径上的薄膜应力、薄膜+弯曲应力、总应力线性化结果。

⑦ 线性化结果文本显示　执行Main Menu | General Postproc | Path Operations | List Linearized命令可以以文本形式列出线性化结果，这些结果可以保存到磁盘，供应力评定时用，通常放到报告的附录中。

4.2.5 应力分类结果的识别、提取

应力线性化后问题的关键在于如何识别和提取应力分类的结果用于应力强度评定，本节主要针对ANSYS分析结果介绍应力分类结果的识别、提取。

首先查找显示在应力强度云图上的高应力强度的区域，且在结构不连续部位选取内外壁上相对的两个节点，设置贯穿壁厚的路径，将数据映射到路径上，对评定路径再进行线性化处理。ANSYS分析软件自动将所定义的路径平均分割为48份（共49个分段点），如图4-1所示。

ANSYS软件在进行数值积分时，只能根据实际应力分布曲线把应力分为平均分布应力、线性化分布应力和非线性化分布应力几部分，在线性化时，认为平均分布的应力为薄膜应力，线性化分布的应力为弯曲应力，从总应力中减去薄膜应力和弯曲应力就可以得到路径上非线性化分布的峰值应力。

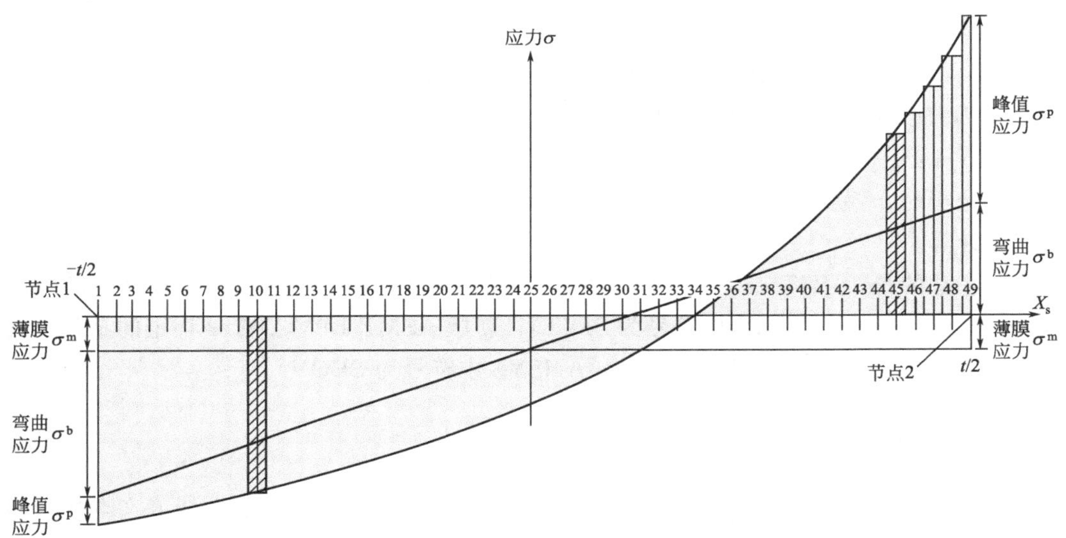

图 4-1 ANSYS 线性化结果示意

ANSYS 软件将总应力线性化处理后，按指定的路径列表给出的应力分类有 MEMBRANE、BENDING、MEMBRANE PLUS BENDING、PEAK、TOTAL。但是 ANSYS 软件不能分出总体薄膜应力还是局部薄膜应力，一次应力还是二次应力。需要根据标准判断识别。下面是具体步骤。

(1) 提取 MEMBRANE

该项是 P_m 或 P_L，均依所选路径的位置而定。

① 识别为 P_m 提取 MEMBRANE 中 SINT（stress intensity，应力强度）$=P_m$，用于计算一次总体薄膜当量应力 $S_Ⅰ$（由 P_m 算得）。

② 识别为 P_L 提取 MEMBRANE 中的 SINT，并将它识别为 SINT$=P_L$，用于计算一次局部薄膜当量应力 $S_Ⅱ$（由 P_L算得）。

(2) 提取 BENDING

弯矩应力不进行单独的应力强度评定，既不提取其应力分量，也不提取 SINT，只参与 P_L+P_b 评定和 P_L+P_b+Q 评定。

(3) 提取 MEMBRANE PLUS BENDING

该项依所选路径的位置不同，既可识别为 P_L+P_b，也可识别为 P_L+P_b+Q。

① 识别为 P_L+P_b 提取 SINT$=P_L+P_b$，用于一次薄膜（总体或局部）加一次弯曲当量应力 $S_Ⅲ$（由 P_L+P_b 算得）。

② 识别为 P_L+P_b+Q SINT$=P_L+P_b+Q$，用于一次加二次应力范围的当量应力 $S_Ⅳ$。如果热应力分析时采用应力叠加法，计算机械应力＋热应力的总应力时应提取所考虑点的应力分量，而不提取 SINT。

(4) 提取 PEAK

峰值应力不会引起结构的显著变形，可能是疲劳裂纹源，仅在压力容器的疲劳分析中才有意义。

（5）提取 TOTAL

工程上偏于保守地评定时，对机械应力＋热应力的耦合分析，也有直接提取 TOTAL 中的 SINT，使 SINT＝P_L+P_b+Q，用于总应力（一次加二次加峰值应力）范围的当量应力 S_V（P_L+P_b+Q+F）。

疲劳分析时，要提取载荷组合工况的 TOTAL 中的 SINT，即按总应力强度范围最大值进行疲劳计算。

需要注意的是：JB/T 4732—1995（2005 年确认）评定的是基于第三强度理论的应力强度（stress intensity，ANSYS 中符号为 SINT），新版 ASME BPVC. Ⅷ. 2 评定的是基于第四强度理论的当量应力（equivalent stress，ANSYS 中符号为 SEQV）。

4.2.6　强度评定与分析报告

一般情况下有限元分析软件的后处理模块只是将计算结果以图形、曲线或文本列表的方式给出，并不能完全对计算结果进行系统的整理和提炼。因此，必须由分析者从大量的分析数据中提炼出能够指导实际工程应用的结论。

出具简明准确的分析报告是完成任务的最后一项工作。一个有限元分析报告通常包括封面、正文和附件或附录。下面给出分析报告内容的一般性要求。

4.2.6.1　报告封面

封面应当包括分析报告的编号、甲方全称、分析报告名称、设备名称、设备型号规格、委托协议书或合同编号、委托日期、分析人员和审批人员的签名、日期、出具报告单位的全称并加盖公章或专用章。当然也可以编制包括分析结论和上述内容在内的专门的签字页、文件版本记录等内容。

4.2.6.2　报告正文

报告正文是报告的主体内容，一般应当包括如下内容。

（1）任务的来源和目的

在报告正文的开始，一般需要对任务的来源和分析的目的进行表述，如“针对×××，对×××设备（×××部位）进行了应力分析与强度评定”等。

（2）分析依据和参考资料

分析依据包括图纸和计算书、计算依据的标准法规等具有约束性的内容，包括材料性能参数以及结果评定的方法，不同工况材料的限值等内容。内容较多时一般应以附件形式列于报告正文之后。

参考资料是在分析中所参考的文献资料、标准、法规、测试数据（报告）等，它们的约束力要低于分析依据，但需要注明详细出处和引用理由，以附件形式列于报告正文之后。

（3）分析条件

分析条件是分析计算中所采用的包括压力、温度等在内的设计工况、运行工况，在疲劳分析中还应包括载荷循环曲线或文字说明。

（4）分析模型

分析模型主要包括以下内容：

① 对称性分析　依据设备结构、载荷、约束等的对称性分析，确定采用平面、轴对称、三维模型的理由。

② 模型的主要几何尺寸　如直径、壁厚、接管截取长度等的取用值，特别注意腐蚀裕量是否考虑在内。这些数据来源于设计图纸或现场实测数据。

③ 对模型分析简化，说明理由　如模型中略去的某些载荷、细节结构简化。

④ 材料性能参数与本构模型　如各部件材料的弹性模量、泊松比、比热容、热导率、线胀系数、拉伸曲线、屈服模型等。

⑤ 载荷　如模型中载荷种类及位置、分析步等。

⑥ 约束条件　如确定的约束位置与约束类型。采用虚拟约束时需要特别说明。

⑦ 单元类型　指采用的单元种类，采用多种单元时通常需要列表表示，详细介绍所采用的部位及理由。

⑧ 网格划分　采用的网格以图片形式描述，对模型中的局部细化可结合重点考察部位进行说明。必要时，对网格的无关性进行说明或证明。

⑨ 总体说明　对模型单元数量、节点数量、自由度数量、系统开销、一次运算时间等进行描述。

（5）分析结果

主要以图片、曲线等形式表述模型总体或局部的应力分布、变形等，并对分析的结果进行论述。必要时与时间或过程相关的分析可提供结果的动画显示。

（6）结果评定

有限元分析的结果评定是报告的关键内容。应基于线弹性应力分析的应力分类法进行强度评定，报告中给出评定路径的选取原则、具体位置，给出各评定路径上的分析结果。疲劳分析还应当给出疲劳寿命是否满足要求或预测设备的使用寿命等。

（7）结论

对分析过程和结果进行评述，给出总体的结论意见或改进措施等。

4.2.6.3　报告附件、附录

分析报告的附件、附录是对报告正文的补充，除了前面提到的委托协议书、必要的参考文献资料、测试数据等，还可以包括评定路径线或疲劳分析详细数据列表、附加或补充的运算结果及评述等内容。附件、附录的内容可以根据实际需要进行增减。对于动画一类的附件还应当提供电子文件、播放软件等。

4.3　容器开孔分析设计

由于工艺要求，必须在设备上开孔，因此在连接处的相贯区域由于结构不连续产生很高的应力集中，成为事故的原发部位。开孔问题一直是研究的重点问题，从 20 世纪 50 年代至今国内外有很多学者从事该方向分析与研究。典型的研究成果有：美国焊接研究委员会

(WRC) 发布了 WRC 107 公报 (1965 年)、WRC 297 公报 (1984 年)、WRC 537 公报 (2013 年);国内清华大学薛明德教授等人对圆柱壳开孔接管应力分析进行了一系列理论研究,编制了指导性技术文件 CSCBPV-TD001-2013《内压与支管外载作用下圆柱壳开孔应力分析方法》,给出了圆柱壳开孔结构在内压与支管载荷作用下的薄壳理论解。最新发布的 HG/T 20582—2020《钢制化工容器强度计算规范》新增了相应的内容。

4.3.1 问题描述

已知设备设计温度为 200℃,内压 3MPa,腐蚀裕量为 1mm,材料为 Q345R。封头为标准椭圆封头,内径 2000mm,壁厚 30mm。筒体壁厚为 30mm。封头中心开有一内径 600mm 的孔,接管壁厚为 40mm,接管载荷如表 4-3,结构示意如图 4-2,分析封头开孔处的强度。

表 4-3 接管载荷

项目	径向弯矩 /(N·m)	环向弯矩 /(N·m)	扭矩 /(N·m)	径向力/N	环向力/N	轴向拉力/N
数值	40000	30000	50000	2800	2000	2800

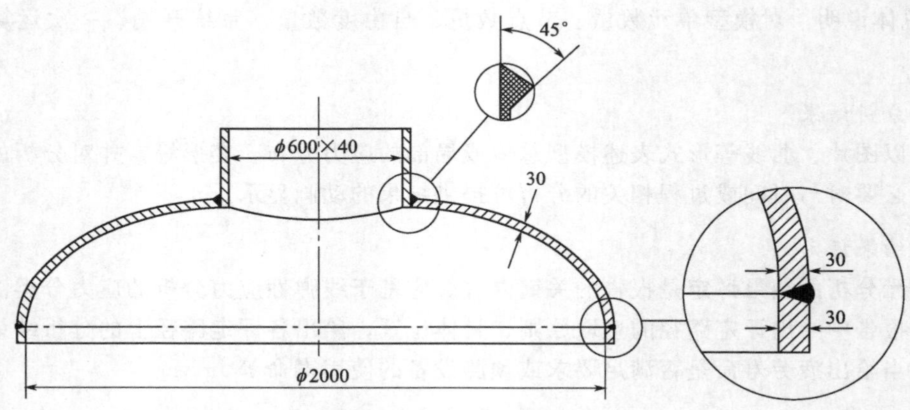

图 4-2 开孔接管结构示意

接管外载荷难以准确计算,一般由经验确定,可参考 SH/T 3074—2018《石油化工钢制压力容器》附录 D,如表 4-4。

表 4-4 接管外载荷计算

参数	计算
径向弯矩/(N·m)	$M_L = b\times(130\times D^2)$
环向弯矩/(N·m)	$M_G = b\times(100\times D^2)$
扭矩/(N·m)	$M_T = b\times(150\times D^2)$
径向力/N	$F_L = b\times2000\times D$
环向力/N	$F_G = b\times1500\times D$
轴向拉力或压力/N	$F_A = b\times2000\times D$

注:1. D 为接管的公称直径,单位是 in (英寸),1in=25.4mm。
2. 表中的 b 值见表 4-5。

表 4-5 *b* 值选取

法兰公称压力 PN/MPa	b
2.0	0.3
±5.0	0.6
11	0.8
15	1.8
26	3
42	3.3

4.3.2 分析流程

4.3.2.1 前处理

(1) 单位制

压力采用兆帕（MPa），几何尺寸采用毫米（mm），温度采用摄氏度（℃）。对应的材料参数（如弹性模量、剪切模量）采用兆帕（MPa），集中载荷采用兆牛（MN），线分布载荷采用兆牛每毫米（MN/mm），力矩采用兆牛毫米（MN·mm）。

(2) 模型简化

简化时主要考虑模型的对称性、反对称性和周期性的条件，整体与局部分析时模型的细节特征差异。

(3) 参数确定

结构尺寸如图 4-2，其中封头和接管取有效壁厚。计算模型采用理想弹性模型，材料弹性模量均为 1.86×10^5 MPa，泊松比为 0.3。内压为 3MPa，接管外载荷见表 4-3。

(4) 模型建立

椭圆封头中心开孔接管结构具有几何轴对称的特点，但由于存在接管弯矩，载荷是非轴对称的，因此有限元计算不能采用轴对称模型。只能采用 1/4 或 1/2 模型，采用 1/4 模型需注意正确施加对称及反对称边界条件。接管力及力矩往往沿三个方向，具有 6 个值，通常根据需要采用全模型或 1/2 模型。此处考虑了接管力中的弯矩，采用全模型进行有限元计算。

在本案例建模方案是：

① 自底向上建模。点→线→面→体。

② 灵活应用坐标系。如应用局部坐标系建立椭圆线。

③ 对连接处进行倒角处理。

④ 考虑方便网格生成、评定位置等，模型切分如图 4-3。

(5) 网格划分单元类型与选择

采用 ANSYS 软件的 20 节点的六面体单元 SOLID186 划分网格，筒体沿厚度方向分 6 层，共划分 417769 个节点，105989 个单元，其网格离散情况如图 4-4 所示。

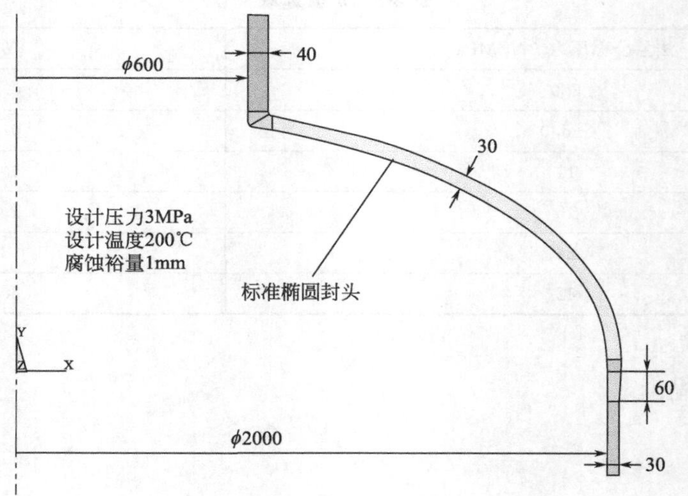

图 4-3 计算模型切分示意图

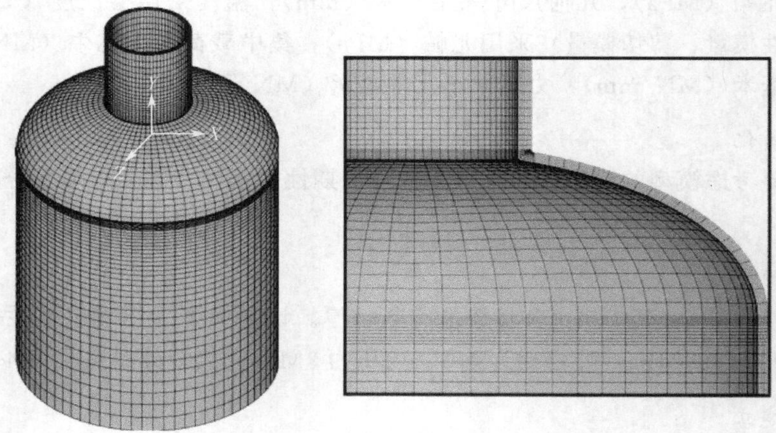

图 4-4 网格模型图

4.3.2.2 求解

(1) 约束与载荷

在模型下方进行轴向和环向约束，径向方向不约束。

(2) 内压等效载荷

在接管横截面上可以用均布压力模拟切割带来的影响，由于内压作用，此均布压力为拉力，在大多数的商用分析软件中约定压力为正值，因此在模型上施加此“拉力”时应当输入负值。对圆筒体和圆接管，此拉力的计算公式如下：

$$P_{eq}=P_i/(K^2-1)$$

$$K=R_o/R_i$$

式中，P_{eq} 为等效拉力；P_i 为内压；R_o 和 R_i 分别为外径和内径；K 为内外径径比。

(3) 弯矩载荷

在压力容器中，除了内压之外，往往还承受着诸如弯矩、扭矩等复杂载荷条件。这些边界条件的施加往往是一个难点。本例以接触单元法施加弯矩，结果如图 4-5。

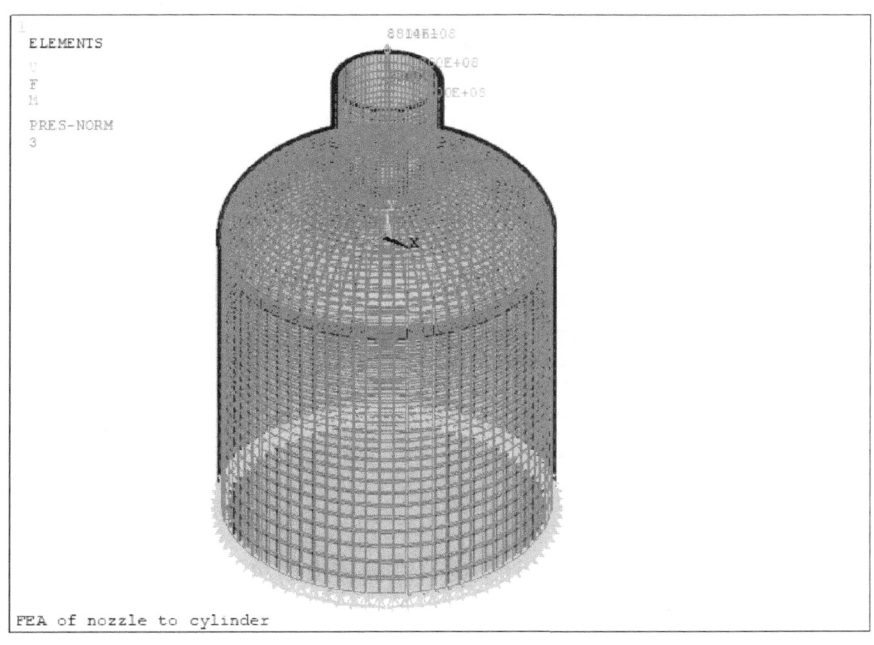

图 4-5　载荷约束

4.3.2.3　检查

建立模型后，进行一次完整的检查。主要包括如下几个方面。

① 网格是否反映了构件的实际形状，网格比较粗大的位置应重点检查。

② 考察重点区域网格细化程度，检查是否有畸形单元。

③ 检查载荷和约束是否齐全，及其位置、大小、方向是否正确。

④ 其他。

4.3.3　结果分析与评定

(1) 应力云图

计算结果如图 4-6 所示。最大应力集中在接管与封头连接处，由于接管外载荷的作用，在接管根部应力较大。

应当指出的是 ASME BPVC. Ⅷ. 2 2007 版以后采用最大应变能理论（第四强度理论）代替最大剪应力理论（第三强度理论）来计算用于强度评定的当量应力，由于目前我国标准 JB 4732—1995（2005 年确认）仍采用根据最大剪应力理论（第三强度理论）得到的应力强度进行强度评定，因此这里仍采用第三强度理论。第三强度理论计算的结果比第四强度理论的结果大。

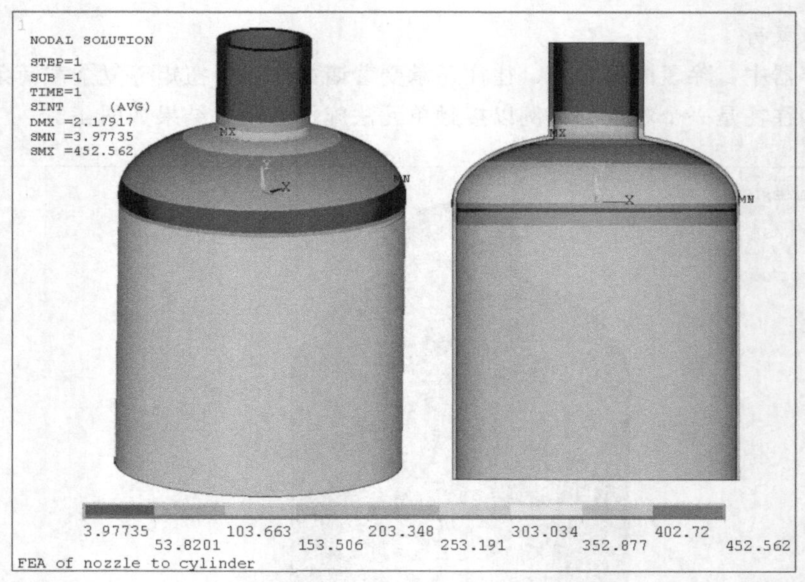

图 4-6 第三强度应力云图（MPa）

（2）结果验证

为验证模型和加载的正确性，对设计工况，在筒体上远离不连续的剖面上，沿厚度方向取一条路径，作应力线性化处理后，得到应力数据如下：

环向应力为 103.6MPa，径向应力为－1.5MPa，应力强度为 105.1MPa。

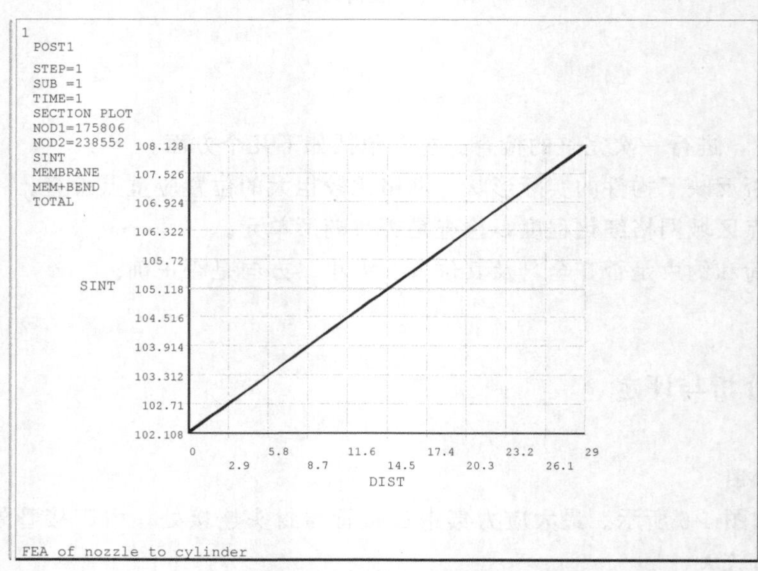

图 4-7 线性化结果

线性化结果如图 4-7 所示。远离不连续处，应力线性化总体环向薄膜应力为 105.1MPa，而理论解为：

$$\delta=\frac{P(D_i+\delta_e)}{2\delta_e}=\frac{3\times(2002+29)}{2\times29}=105.052(\text{MPa})$$

误差为 0.05%，因此，本算例的模型及边界条件满足要求。

(3) 评定路径以及评定

根据应力线性化路径的选择原则：

① 通过应力强度最大节点，并沿壁厚方向的最短距离设定线性化路径；

② 对于相对高应力强度区，沿壁厚方向设定路径。

得到该评定区共有 6 条评价路径（Path1～Path6），具体位置见图 4-8。

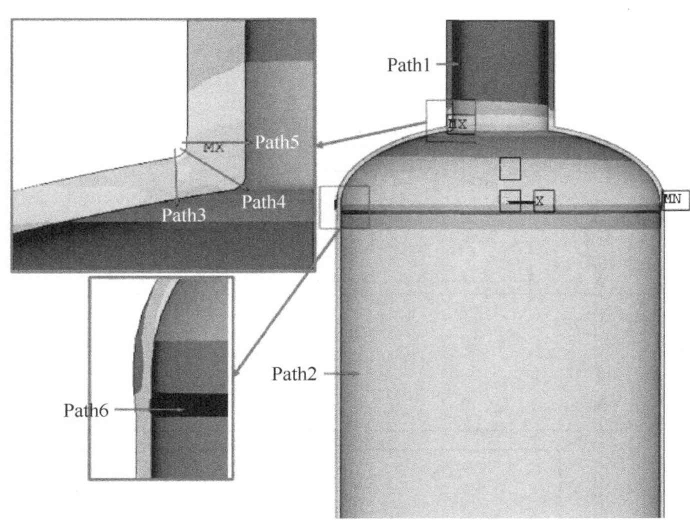

图 4-8　线性化路径示意图

如图 4-8 所示，在结构不连续处设置应力线性化的路径，并通过 ANSYS 软件提供的沿路径应力线性化的功能，可以将沿壁厚的路径上的各类应力区分开，各条路径应力线性化的结果列于表 4-6 应力评定结果中，查 GB/T 150 可得到 Q345R 在 200℃ 下的许用应力为 170MPa。

表 4-6　应力评定结果　　MPa

项目路径	计算值		许用值	计算值		许用值	结论
	P_m	P_L		P_L+P_b	P_L+P_b+Q		
Path1	21.15	—	170	25.11	—	255	合格
Path2	105.10	—	170	108.09	—	255	
Path3	—	173.55	255	—	254.87	340	
Path4	—	177.45	255	—	235.18	340	
Path5	—	159.34	255	—	180.86	340	
Path6	54.25	—	170	62.87	—	255	

由于有限元软件，在 ANSYS 中只能在线性化处理后给出薄膜应力＋弯曲应力的总量。接管开孔附近的弯曲应力，既包含有静力平衡引起的一次应力，又含有因结构不连续产生的二次应力。

4.4 预蒸发器斜接管应力分析

4.4.1 问题描述

预蒸发器是某公司设计开发的含斜接管结构的预蒸发器。其主要结构如图 4-9 所示。斜接管与筒体的连接方式见图 4-10。

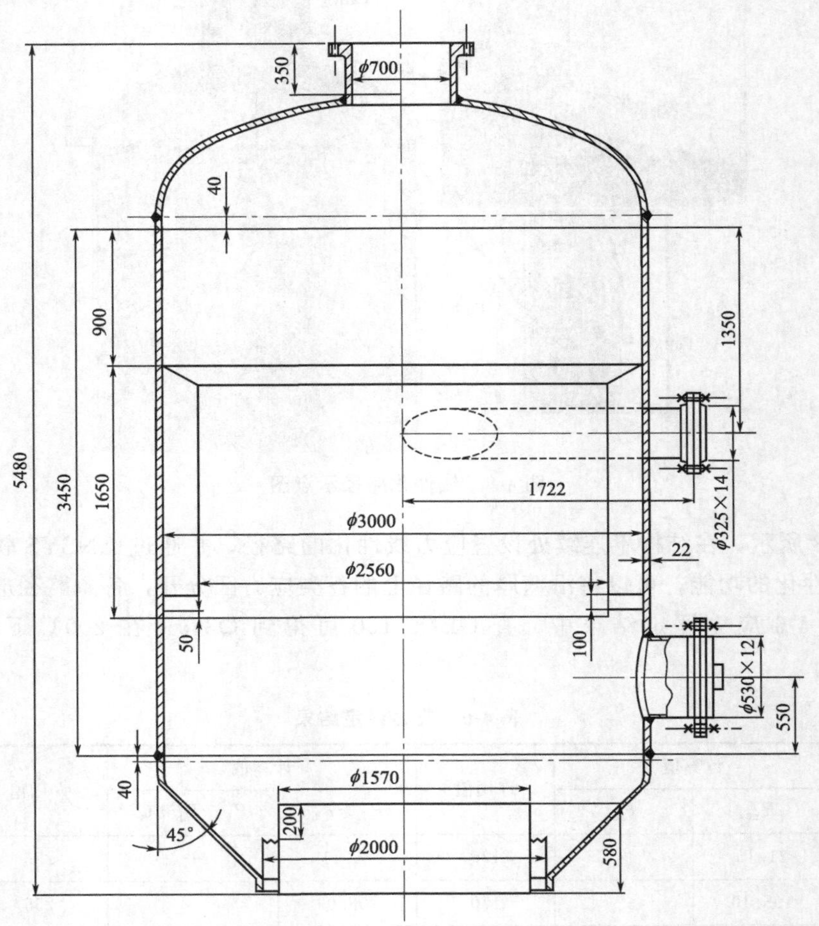

图 4-9 预蒸发器斜接管段结构示意图

对预蒸发器的斜接管与筒体连接区域关键部位进行有限元分析，使该预蒸发器结构具有安全、可靠、耐用和经济等性能。

4.4.2 有限元模型建立

(1) 计算模型

① 斜接管与筒体连接区域强度模型　主要考虑连接区域几何非连续性造成的应力集中，可截取一段斜接管所在的筒体建立局部模型。如图 4-11 所示。

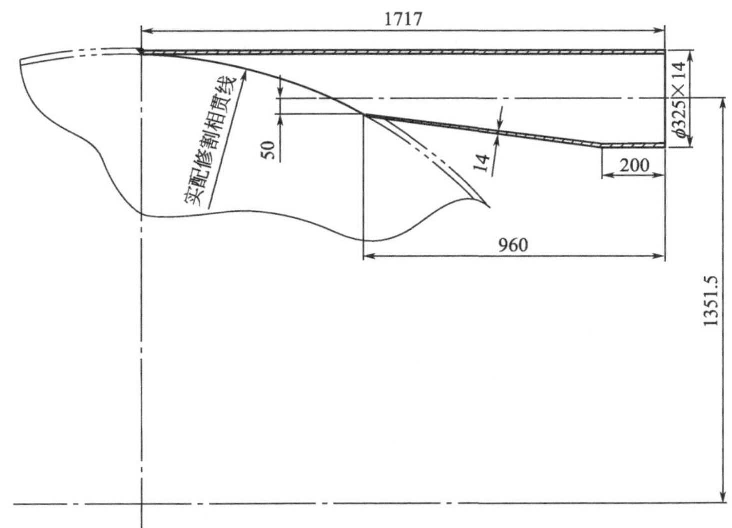

图 4-10　斜接管与筒体连接示意图

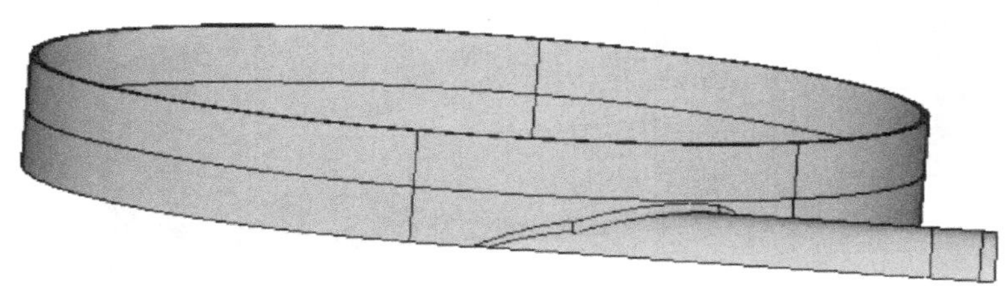

图 4-11　斜接管与筒体连接区域强度分析的几何模型

水压试验工况是对容器产品性能的试验检验，分析时，为保证计算结果偏安全，应考虑板材的负偏差。运行工况是对容器工作环境的数值模拟计算。经过长期的使用，容器内的介质易对容器内壁产生腐蚀，则运行工况下除考虑板材负偏差（S31603 板材的钢板厚度负偏差均为 $C_1=0.3$mm），还应考虑腐蚀裕量（设备管程的腐蚀裕量 $C_2=2$mm）。两个计算工况下各板材的厚度见表 4-7 所示。

表 4-7　强度分析时板材的厚度　　mm

工况	筒体壁厚	斜接管壁厚	直面封板厚
水压试验工况	21.7	13.7	13.7
运行工况	19.7	11.7	11.7

② 斜接管对筒体稳定性影响模型　需考虑筒体的直径、壁厚、筒体长度及斜接管区域的几何特征，所以截取了筒体的等直长度段作为容器稳定性分析的几何模型，如图 4-12 所示。稳定性分析时，板材厚度按照运行工况下的板材厚度取值。

(2) 强度分析模型的离散

根据计算任务和计算特点，采用 8 节点的六面体单元 SOLID185 进行结构离散。为反映出斜接管连接区域的几何特征，特在该区域进行网格细分。强度分析模型的离散图见图 4-13，共划分单元数 219183 个，节点数 62042 个。

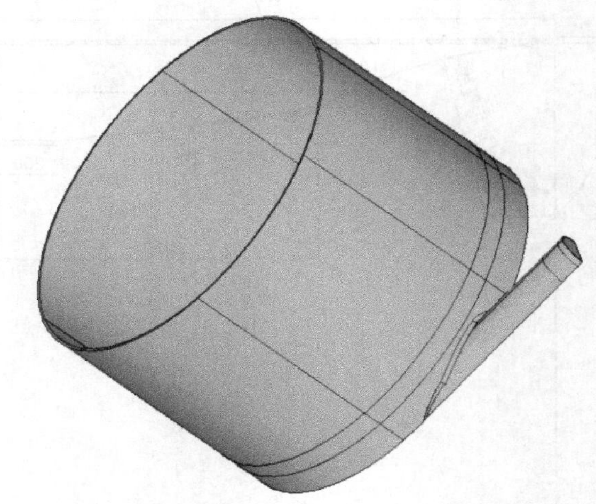

图 4-12 筒体稳定性分析的几何模型

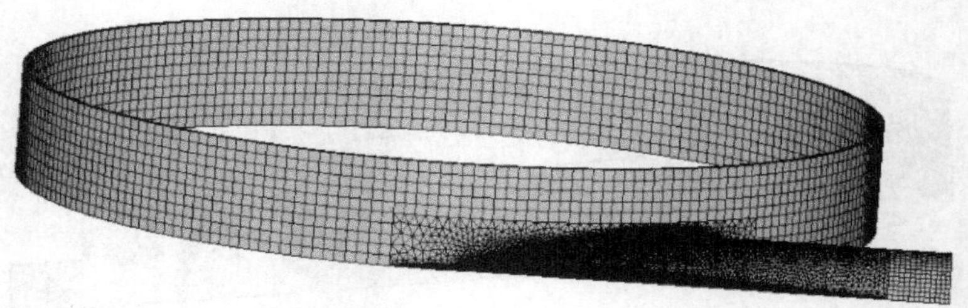

图 4-13 强度分析模型的离散图

(3) 稳定性分析模型的离散

根据计算任务和计算特点，采用 185 号实体单元进行结构离散。为反映出斜接管连接区域的几何特征，特在该区域进行网格细分。稳定性分析模型的离散图见图 4-14，共划分单元数 23791 个，节点数 13195 个。

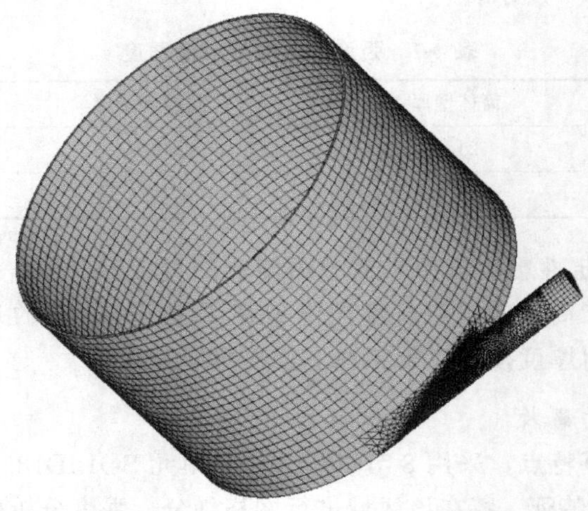

图 4-14 稳定性分析模型的离散图

4.4.3　计算载荷及计算工况

(1) 主要技术参数

预蒸发器的主要技术参数如表 4-8 所示。

表 4-8　预蒸发器主要技术参数表

项目	管程参数
设计压力/MPa	0.6/全真空
设计温度/℃	135
水压试验(卧式)压力/MPa	0.9
容器类型	Ⅱ

(2) 强度分析计算工况（载荷及边界条件）

根据预蒸发器水压试验和运行两种情况，强度分析确定为 2 个工况。

工况 1：水压试验工况，内压为 0.9MPa。

工况 2：运行工况，内压为 0.6MPa。

各工况的位移边界条件相同，即对 $Y=0$ 的面施加对称约束，为保证计算过程中不产生刚体位移及转动，且避免接管连接区域变形，在远离接管连接区域的位置约束几个点在 X、Z 方向的位移。约束情况如图 4-15 所示。

在内表面施加内压力。在筒体端面施加轴向平衡面载荷 P_c，按如下公式计算：

$$P_c=\frac{PD^2}{(D+2t)^2-D^2} \tag{4-2}$$

式中，P 为容器内压；D 为筒体内直径；t 为筒体壁厚。

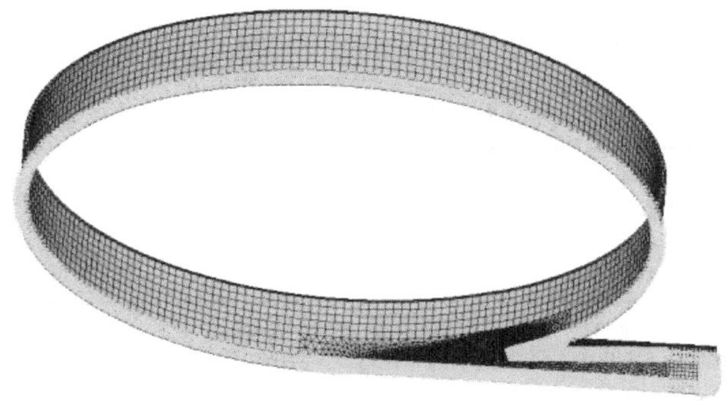

图 4-15　强度分析边界条件示意图

(3) 稳定性分析计算工况

此工况的位移边界为：对 $Y=0$ 的面施加对称约束，在远离接管连接区域的位置约束几个点在 X、Z 方向的位移。筒体端部受到封头、锥形筒体等约束，可认为筒体端部保持为圆形截面形状。约束情况如图 4-16。在外表面施加压力，在筒体端面施加轴向平衡面载荷 P_c，按式 (4-2) 计算。

图 4-16　稳定性分析边界条件示意图

(4) 计算验收标准

① 预蒸发器各部位材质　预蒸发器结构斜接管区域主要部位材质如表 4-9 所示。

表 4-9　预蒸发器结构斜接管区域主要部位材质

部位	材质
筒体	S31603
斜接管	S31603
直面封板	S31603

由表 4-9 可知，该预蒸发器斜接管区域材料为 S31603。S31603 在该预蒸发器的设计温度 135℃下的主要力学性能如表 4-10 所示。

表 4-10　材料的主要力学性能

材料	屈服极限/MPa（试验温度）	许用应力/MPa（135℃）	弹性模量 E/MPa	泊松比
S31603	180	117.9	1.869×10^5	0.3

② 强度评定　根据结构所用材料、材料的力学性能以及所对应的计算工况，根据标准 GB 4732 中第 3.7.1.2 条和第 5.3.1～5.3.4 条进行强度评定，K 取 1，偏于安全。即：

$$薄膜应力\leqslant KS_m$$

$$局部薄膜应力\leqslant 1.5KS_m$$

$$（局部或总体）薄膜应力+弯曲应力\leqslant 1.5KS_m$$

$$（局部或总体）薄膜应力+弯曲应力+二次应力\leqslant 3KS_m$$

水压试验 $S_{\text{I}}\leqslant 0.9R_{p0.2}$。当 $S_{\text{I}}\leqslant 0.67R_{p0.2}$，$S_{\text{II}}\leqslant 1.35R_{p0.2}$；当 $0.67R_{p0.2}\leqslant S_{\text{I}}\leqslant 0.9R_{p0.2}$，$S_{\text{II}}\leqslant 2.15R_{p0.2}-1.2S_{\text{I}}$。

各工况下各材料的许用应力如表 4-11 所示。

表 4-11　塔体结构所用材料的许用应力　MPa

材料	工况 1 （水压试验）	工况 2 （运行工况）	备注
S31603	162/243/243/486	117.9/176.85/176.85/353.7	薄膜应力/局部薄膜应力/薄膜应力＋弯曲应力/薄膜应力＋弯曲应力＋二次应力

4.4.4　计算结果分析

4.4.4.1　工况 1 计算结果（水压试验）

（1）*应力强度分布云图*

水压试验的压力作用时，结构的应力强度分布云图如图 4-17 和 4-18 所示。由图 4-17 和图 4-18 可知，由于斜接管与筒体的连接处几何非连续性的影响，在该区域出现应力集中，

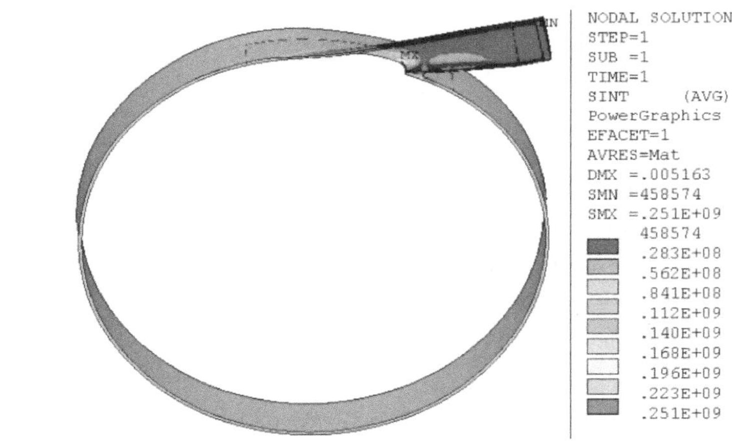

图 4-17　结构上应力强度分布云图（Pa）

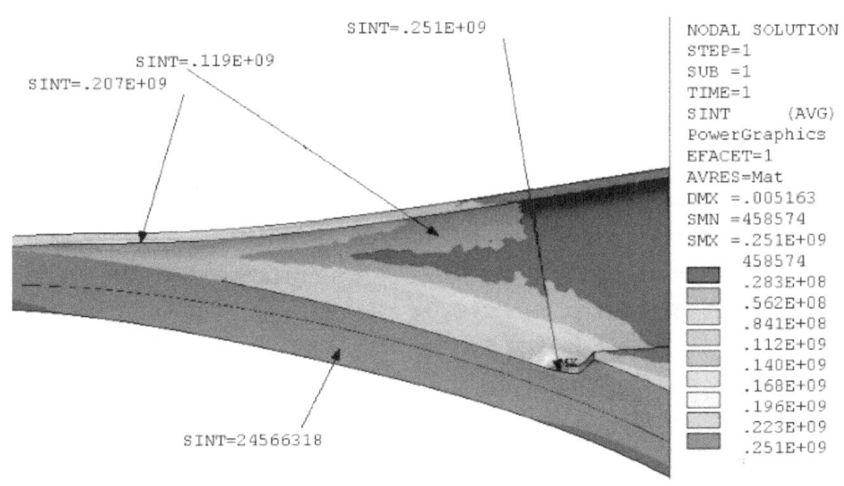

图 4-18　斜接管与筒体连接区域应力强度分布云图（Pa）

尤其是斜接管前端区域和直面封板、斜接管、筒体三者连接的区域，其应力强度值较其他区域高出很多，最大应力强度值达到 251MPa。在斜接管距离前端尖点 10cm 一微小区域的下表面也出现了较高的应力强度值，该处的最大应力强度值达到 200MPa 左右。

（2）应力线性化处理

根据应力强度分布结果，在斜接管前端高应力区域取路径 1，在直面封板、斜接管、筒体三者连接的区域取路径 2，如图 4-19 所示。对路径进行应力线性化处理，结果如下。其中，应力提取的关键参数下方标注了下划线。

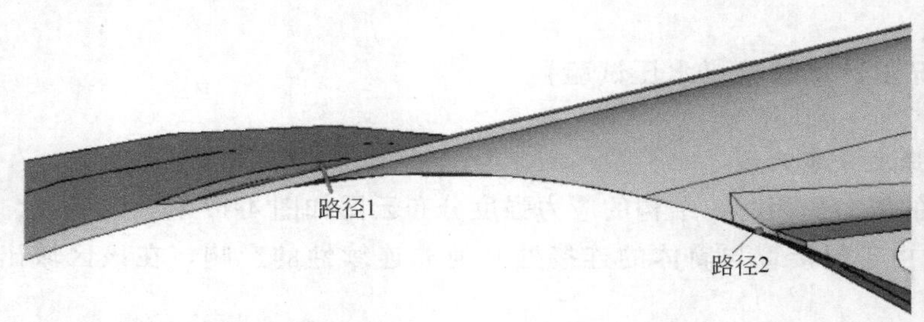

图 4-19 应力线性化处理路径选择

路径 1：

```
PRINT LINEARIZED STRESS THROUGH A SECTION DEFINED BY PATH=   L1   DSYS=   0
          ***** POST1 LINEARIZED STRESS LISTING *****
          INSIDE NODE =   18858     OUTSIDE NODE =   9675
LOAD STEP     1   SUBSTEP=      1
TIME=   1.0000   LOAD CASE=   0

THE FOLLOWING X, Y, Z STRESSES ARE IN THE GLOBAL COORDINATE SYSTEM.
            ** MEMBRANE **
    SX           SY           SZ           SXY          SYZ          SXZ
0.8212E+08   0.1049E+07   0.4853E+08   0.2215E+07   0.2303E+07   -0.1519E+07
    S1           S2           S3           SINT         SEQV
0.8225E+08   0.4858E+08   0.8733E+06   0.8137E+08   0.7082E+08

            ** BENDING **   I=INSIDE C=CENTER O=OUTSIDE
        SX            SY            SZ            SXY           SYZ           SXZ
I    0.1161E+09   -0.7247E+07   0.4219E+08   -0.1517E+07   0.5585E+05   -0.9652E+06
C    0.000         0.000         0.000         0.000         0.000         0.000
O   -0.1161E+09    0.7247E+07  -0.4219E+08    0.1517E+07  -0.5585E+05    0.9652E+06
        S1            S2            S3            SINT          SEQV
I    0.1161E+09    0.4218E+08   -0.7266E+07    0.1234E+09    0.1075E+09
C    0.000         0.000         0.000         0.000         0.000
O    0.7266E+07   -0.4218E+08   -0.1161E+09    0.1234E+09    0.1075E+09

            ** MEMBRANE PLUS BENDING **   I=INSIDE C=CENTER O=OUTSIDE
```

	SX	SY	SZ	SXY	SYZ	SXZ
I	0.1982E+09	-0.6198E+07	0.9072E+08	0.6975E+06	0.2358E+07	-0.2484E+07
C	0.8212E+08	0.1049E+07	0.4853E+08	0.2215E+07	0.2303E+07	-0.1519E+07
O	-0.3396E+08	0.8296E+07	0.6339E+07	0.3732E+07	0.2247E+07	-0.5535E+06
	S1	**S2**	**S3**	**SINT**	**SEQV**	
I	0.1983E+09	0.9072E+08	-0.6258E+07	<u>0.2045E+09</u>	0.1772E+09	
C	0.8225E+08	0.4858E+08	0.8733E+06	0.8137E+08	0.7082E+08	
O	0.9954E+07	0.5022E+07	-0.3430E+08	0.4425E+08	0.4201E+08	

** PEAK **　I=INSIDE C=CENTER O=OUTSIDE

	SX	SY	SZ	SXY	SYZ	SXZ
I	0.2213E+07	0.1224E+06	0.8383E+06	0.3297E+07	-0.1876E+06	0.1821E+05
C	-0.2137E+07	-0.1240E+06	-0.8101E+06	-0.3258E+07	0.1854E+06	-0.1840E+05
O	0.2095E+07	0.1277E+06	0.7949E+06	0.3271E+07	-0.1861E+06	0.1889E+05
	S1	**S2**	**S3**	**SINT**	**SEQV**	
I	0.4629E+07	0.8442E+06	-0.2299E+07	0.6928E+07	0.6008E+07	
C	0.2288E+07	-0.8160E+06	-0.4543E+07	0.6830E+07	0.5924E+07	
O	0.4529E+07	0.8007E+06	-0.2313E+07	0.6842E+07	0.5933E+07	

** TOTAL **　I=INSIDE C=CENTER O=OUTSIDE

	SX	SY	SZ	SXY	SYZ	SXZ
I	0.2004E+09	-0.6076E+07	0.9156E+08	0.3994E+07	0.2171E+07	-0.2466E+07
C	0.7999E+08	0.9250E+06	0.4772E+08	-0.1043E+07	0.2488E+07	-0.1537E+07
O	-0.3186E+08	0.8424E+07	0.7134E+07	0.7003E+07	0.2061E+07	-0.5346E+06
	S1	**S2**	**S3**	**SINT**	**SEQV**	**TEMP**
I	0.2006E+09	0.9156E+08	-0.6203E+07	<u>0.2068E+09</u>	0.1791E+09	0.000
C	0.8008E+08	0.4777E+08	0.7814E+06	0.7930E+08	0.6906E+08	
O	0.1068E+08	0.6082E+07	-0.3307E+08	0.4374E+08	0.4164E+08	0.000

路径 2：

PRINT LINEARIZED STRESS THROUGH A SECTION DEFINED BY PATH=L2　　DSYS=　0

***** POST1 LINEARIZED STRESS LISTING *****

INSIDE NODE =　21402　　OUTSIDE NODE =　　8841

LOAD STEP　　1　SUBSTEP=　　1

TIME=　　1.0000　　LOAD CASE=　0

THE FOLLOWING X，Y，Z STRESSES ARE IN THE GLOBAL COORDINATE SYSTEM.

** MEMBRANE **

SX	SY	SZ	SXY	SYZ	SXZ
0.6487E+08	0.2988E+08	0.7599E+08	0.2060E+08	0.4621E+08	0.3640E+08
S1	**S2**	**S3**	**SINT**	**SEQV**	
0.1310E+09	0.3850E+08	0.1238E+07	<u>0.1298E+09</u>	0.1157E+09	

** BENDING **　I=INSIDE C=CENTER O=OUTSIDE

	SX	SY	SZ	SXY	SYZ	SXZ
I	0.1211E+07	0.8768E+07	0.2128E+08	0.2322E+08	0.1904E+08	0.2716E+08
C	0.000	0.000	0.000	0.000	0.000	0.000
O	−0.1211E+07	−0.8768E+07	−0.2128E+08	−0.2322E+08	−0.1904E+08	−0.2716E+08
	S1	S2	S3	SINT	SEQV	
I	0.5761E+08	−0.4700E+07	−0.2165E+08	0.7926E+08	0.7229E+08	
C	0.000	0.000	0.000	0.000	0.000	
O	0.2165E+08	0.4700E+07	−0.5761E+08	0.7926E+08	0.7229E+08	

** MEMBRANE PLUS BENDING ** I=INSIDE C=CENTER O=OUTSIDE

	SX	SY	SZ	SXY	SYZ	SXZ
I	0.6608E+08	0.3865E+08	0.9727E+08	0.4382E+08	0.6525E+08	0.6356E+08
C	0.6487E+08	0.2988E+08	0.7599E+08	0.2060E+08	0.4621E+08	0.3640E+08
O	0.6366E+08	0.2111E+08	0.5470E+08	−0.2616E+07	0.2716E+08	0.9238E+07
	S1	S2	S3	SINT	SEQV	
I	0.1882E+09	0.1751E+08	−0.3753E+07	0.1920E+09	0.1823E+09	
C	0.1310E+09	0.3850E+08	0.1238E+07	0.1298E+09	0.1157E+09	
O	0.7442E+08	0.5988E+08	0.5175E+07	0.6925E+08	0.6324E+08	

** PEAK ** I=INSIDE C=CENTER O=OUTSIDE

	SX	SY	SZ	SXY	SYZ	SXZ
I	0.1816E+08	0.9038E+07	0.2291E+08	0.1052E+08	0.8676E+07	0.2862E+08
C	−0.1280E+08	−0.4796E+07	−0.7159E+07	−0.2477E+07	−0.2282E+07	−0.1113E+08
O	0.1904E+08	0.8979E+07	0.5418E+07	0.7834E+07	0.7163E+07	0.1180E+08
	S1	S2	S3	SINT	SEQV	
I	0.5338E+08	0.5160E+07	−0.8428E+07	0.6180E+08	0.5626E+08	
C	0.1520E+07	−0.4159E+07	−0.2211E+08	0.2363E+08	0.2137E+08	
O	0.3081E+08	0.4740E+07	−0.2119E+07	0.3293E+08	0.3009E+08	

** TOTAL ** I=INSIDE C=CENTER O=OUTSIDE

	SX	SY	SZ	SXY	SYZ	SXZ
I	0.8424E+08	0.4769E+08	0.1202E+09	0.5434E+08	0.7393E+08	0.9218E+08
C	0.5207E+08	0.2508E+08	0.6883E+08	0.1813E+08	0.4392E+08	0.2526E+08
O	0.8270E+08	0.3009E+08	0.6012E+08	0.5218E+07	0.3433E+08	0.2104E+08
	S1	S2	S3	SINT	SEQV	TEMP
I	0.2398E+09	0.1119E+08	0.1092E+07	0.2387E+09	0.2339E+09	0.000
C	0.1121E+09	0.3612E+08	−0.2213E+07	0.1143E+09	0.1007E+09	
O	0.1034E+09	0.6263E+08	0.6912E+07	0.9646E+08	0.8387E+08	0.000

4.4.4.2 工况 2 计算结果（运行工况）

(1) *应力强度分布云图*

预蒸发器正常运行，工作压力作用时，结构的应力强度分布云图见图 4-20 和图 4-21。由图可知，由于斜接管与筒体的连接处几何非连续性的影响，在该区域出现应力集中，尤其在直面封板、斜接管、筒体三者连接的区域，其应力强度值较其他区域高出很多，最大应力强度值达到 183MPa。在斜接管距离前端尖点 10cm 一微小区域的下表面也出现了较高的应力强度值，该处的最大应力强度值达到 160MPa 左右。

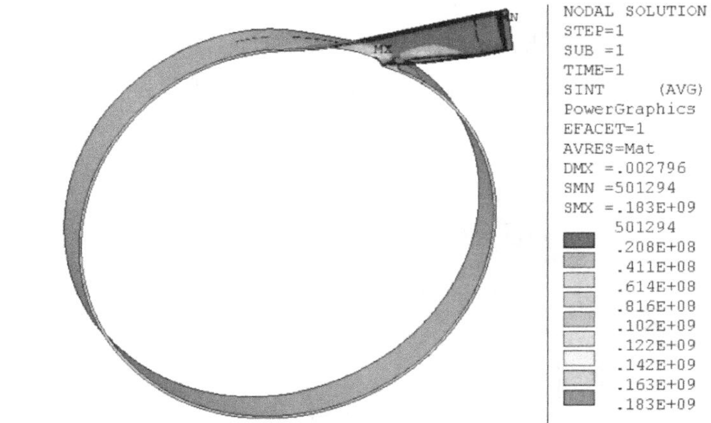

图 4-20　结构上应力强度分布云图（Pa）

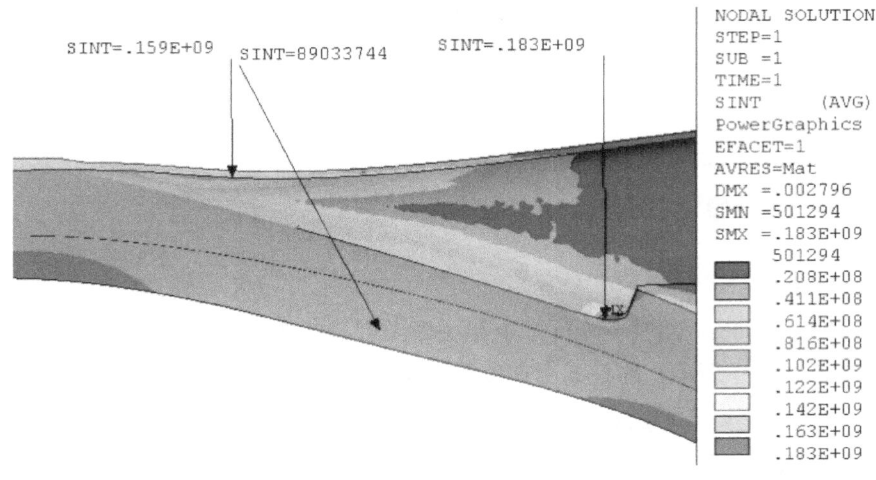

图 4-21　斜接管与筒体连接区域的应力强度分布云图（Pa）

(2) 应力线性化处理

根据应力强度分布结果，在斜接管前端高应力区域取路径 1，在直面封板、斜接管、筒体三者连接的区域取路径 2，如图 4-22 所示。对路径进行应力线性化处理。

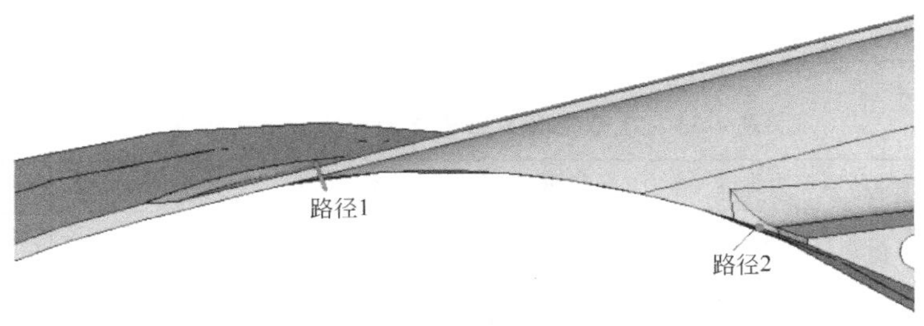

图 4-22　应力线性化处理路径选择

4.4.4.3 工况 3 计算结果（真空时的稳定性）

此结构为非对称结构，直接采用非线性屈曲分析方法。考虑材料非线性，材料模型选择双线性等向强化模型，屈服极限为 180MPa，切线模量为 0。计算过程中考虑几何非线性，计算采用弧长法。最后根据计算收敛性确定结构的极限外压载荷为 1.244MPa，其屈服模态如图 4-23 所示。

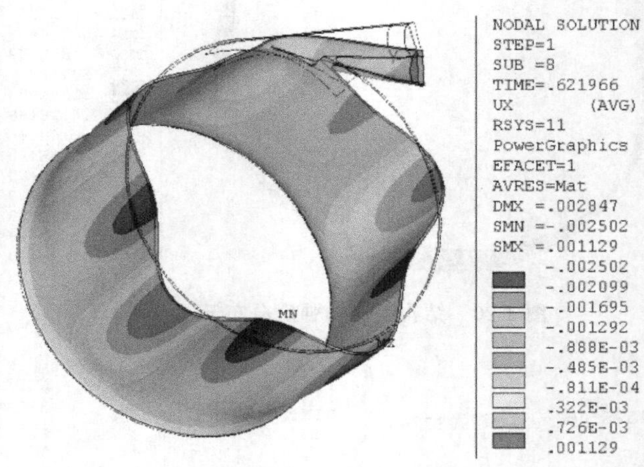

图 4-23 筒体屈曲模态

4.4.5 应力评定与稳定性评定

（1）应力评定

根据 JB 4732—1995（2005 年确认）中相关章节对应力线性化结果进行应力分类及评定。路径 1 评定如表 4-12 中所示。路径 2 所在位置在应力集中区域，其应力评定如表 4-13 所示。

表 4-12 各个工况下路径 1 的应力分类及评定 MPa

应力线性化路径	总体薄膜应力强度		总体薄膜加弯曲应力强度		一次加二次应力强度		是否满足要求？
	计算值	许用值 KS_m	计算值	许用值 $1.5KS_m$	计算值	许用值 $3S_m$	
工况一：水压试验工况，内压 0.9MPa							
路径 1	81.37	162	204.5	243	206.8	486	是
工况二：运行工况，内压 0.6MPa							
路径 1	67.61	117.9	162	176.85	163.7	353.7	是

表 4-13 各个工况下路径 2 的应力分类及评定 MPa

应力线性化路径	局部薄膜应力强度		局部薄膜加弯曲应力强度		一次加二次应力强度		是否满足要求？
	计算值	许用值 $1.5KS_m$	计算值	许用值 $1.5KS_m$	计算值	许用值 $3S_m$	
工况一：水压试验工况，内压 0.9MPa							
路径 2	129.8	243	192	243	238.7	486	是

续表

应力线性化路径	局部薄膜应力强度		局部薄膜加弯曲应力强度		一次加二次应力强度		是否满足要求？
	计算值	许用值 $1.5KS_m$	计算值	许用值 $1.5KS_m$	计算值	许用值 $3S_m$	
工况二：运行工况，内压 0.6MPa							
路径 2	106.4	176.85	148.6	176.85	178.2	353.7	是

(2) 稳定性评定

预蒸发器稳定性评定结果见表 4-14。

表 4-14　预蒸发器稳定性评定结果

工作压力/MPa	极限外压力/MPa	安全系数	许用外压力/MPa（=极限外压力/安全系数）	是否满足要求？
0.1	1.244	3	0.415	是

4.5　换热器管板分析设计

4.5.1　模型分析与简化

某工厂设计一立式换热器，其上部结构如图 4-24（a）所示，公称直径 $DN=1850$mm，上封头为半球形封头，上管板与封头及筒体焊接，其局部放大图见图 4-24（b）。筒体和封头厚度按照规则设计方法进行计算，计算得筒体的厚度 $\delta_n=[104+(3)]$mm，球形封头厚度

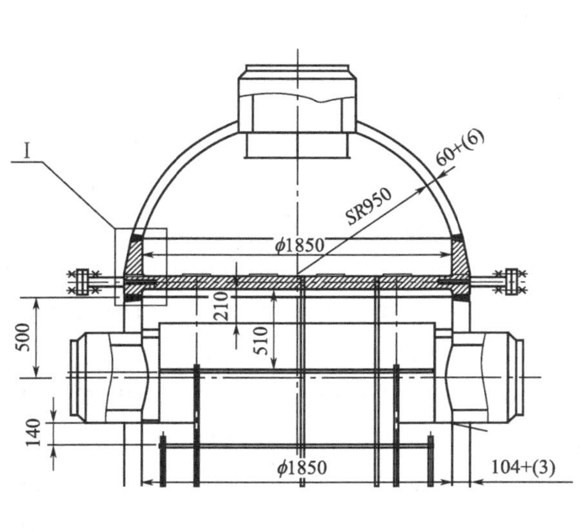

(a) 上部结构

I 视图

(b) 上管板焊接处局部放大图

图 4-24　立式换热器上部结构

为 δ_n=[60+(6)]mm，括号内表示覆层厚度。设计任务为校核上管板厚度 δ_n=80mm 是否满足强度要求并进一步优化管板厚度。

换热器的下管板为浮动管板，因此上管板计算时不需要考虑管子与壳体的热膨胀差。参考 ASME BPVC. Ⅷ. 2-2019 附录 5-E 和 4. 18. 6 换热器管板等效参数的计算方法，将上管板视为等效圆板模型。上封头顶部的开孔离管板位置较远，对管板受力影响非常小，因此可忽略封头开孔对管板的影响，将封头建为一个整体。管板的焊接为全焊透接头，可忽略焊缝接头的影响，将焊缝和壳体建为一个整体。

换热器为轴对称模型，本例采用 1/4 模型进行三维建模。选用 SOLIDWORKS 软件进行三维建模，按照图 4-25（a）所示尺寸进行草图绘制，管板倒角 R=19mm，沿中心轴旋转 90°完成 1/4 模型创建，如图 4-25（b）所示，将所建立模型保存为 xx. x-t 文件。

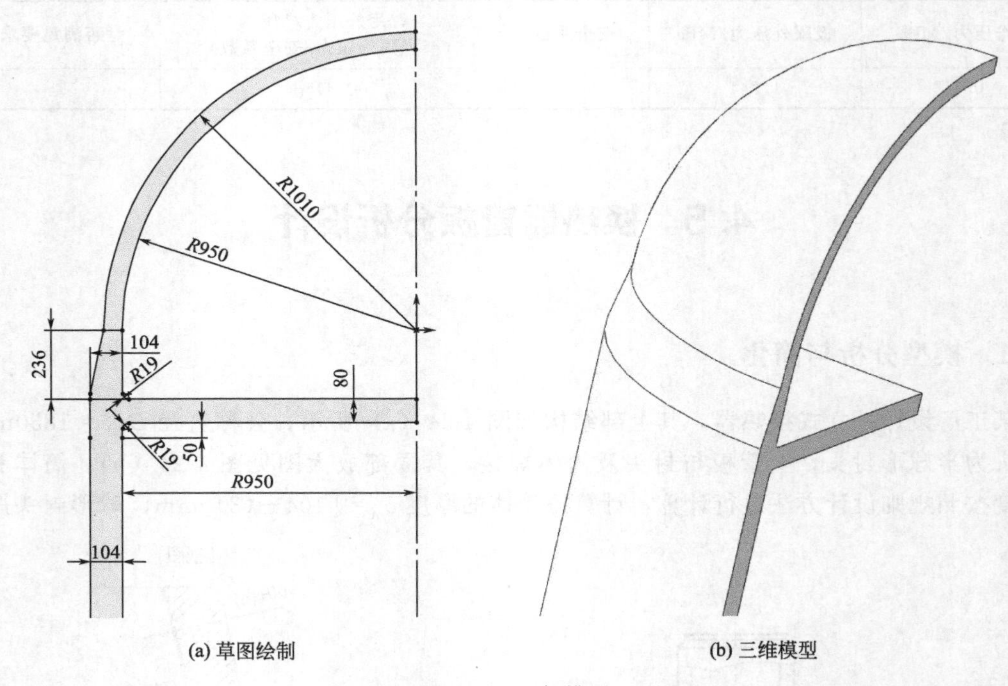

图 4-25　几何模型

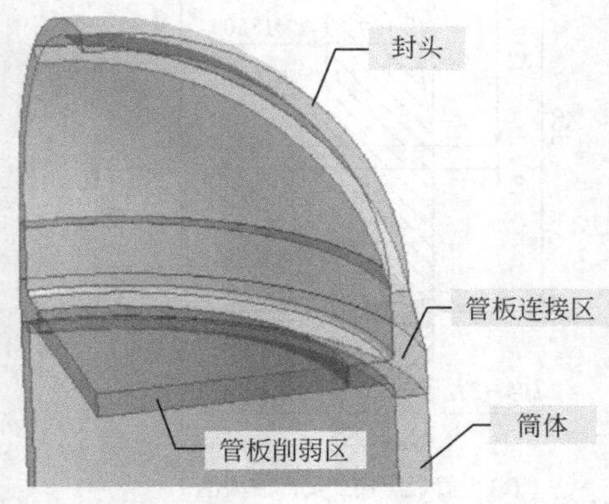

图 4-26　多体模型的创建

将几何模型导入 ANSYS Workbench 中，生成几何模型，成为 1 个部件、1 个体。按照材料属性，将几何体剖分为上封头、管板接头区、管板削弱区（ϕ=1610mm）、筒体四个部分，几何模型变为 1 个部件、4 个体，如图 4-26 所示。当然也可以在 SOLIDWORKS 软件建模时，按照材料属性进行几何建模。每个体对一个材料属性，管板接头区在设计温度下弹性模量 E_t=177000MPa，壳体和封头在设计温度下弹性模量 E_t=187000MPa，泊松比 μ=0.3，管板削弱区弹性模量等效计算见 4.5.3 节。材料的热导率和线胀系数见表 4-15。

表 4-15　热导率和线胀系数

项目		温度/℃				
		100	150	200	250	300
热导率 /[W/(m·K)]	筒体	58	55.9	53.6	51.4	49.2
	管板	16.2	17.0	17.9	18.6	19.4
	封头	40.6	40.4	40.1	39.5	38.7
线胀系数 /10^6K^{-1}	壳体与封头	12.1	12.4	12.7	13.0	13.3
	管板	16.2	16.6	17.0	17.4	17.7

下面按照各部分几何特性或应力分布特性进行剖分，生成高质量网格。对 1/4 球封头进行剖分，坐标系三个面分别生成通过圆心并平分圆弧的一条直线，拉伸直线剖分封头，形成 6 个三角形曲面体如图 4-27（a）。采用布尔运算合并相邻两个三角形体曲面体，结果如图 4-27（b）所示，封头被分为 3 个四边形曲面体。四边形曲面体能更好生成六面体结构化网格，生成的结构化网格如图 4-27（c）所示。

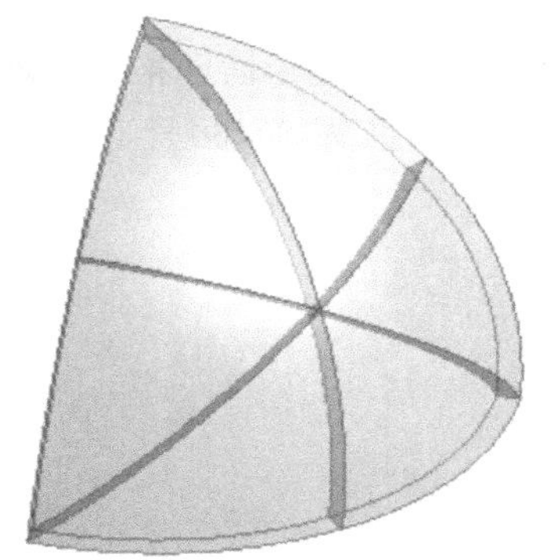
(a) 剖分球封头

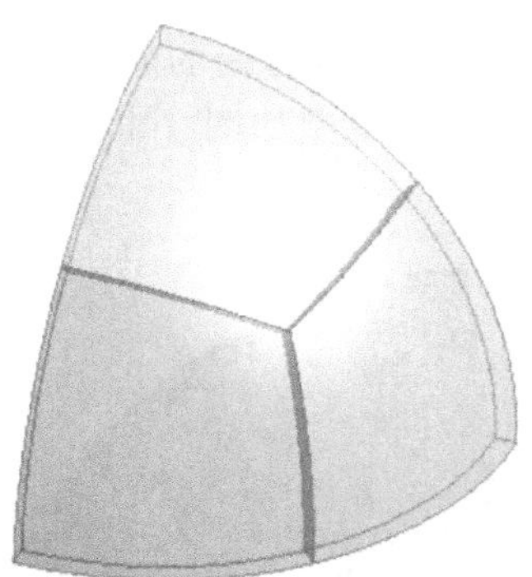
(b) 四边形曲面体

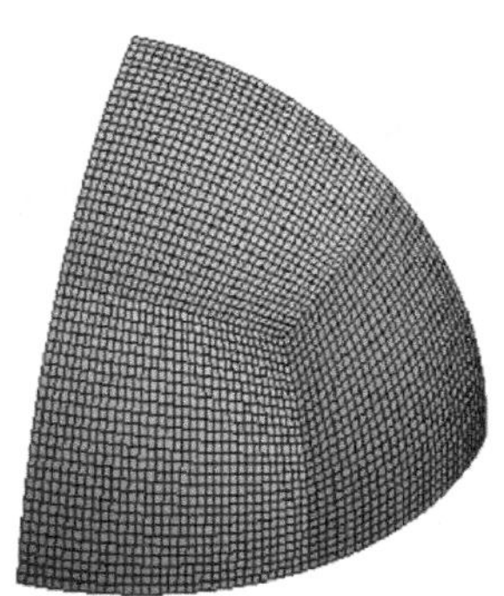
(c) 网格模型

图 4-27　球形封头网格生成

管板连接区为 T 字形结构，同时还含有倒角，为了更好地计算倒角处的应力集中，将导角处单独剖分为一个区。整个管板连接区被分为 4 个部分如图 4-28（a）所示，上部截面为梯

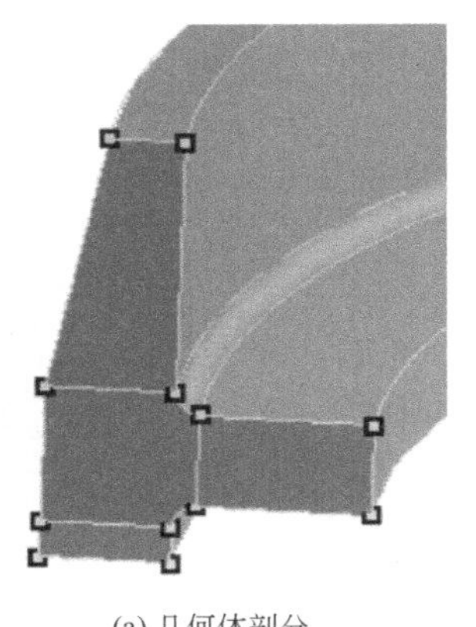
(a) 几何体剖分

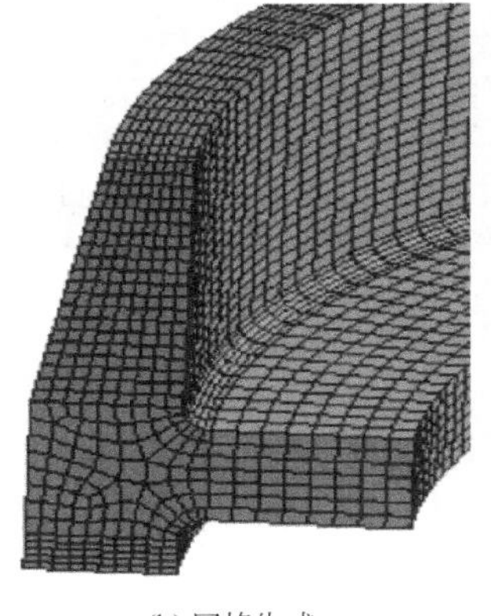
(b) 网格生成

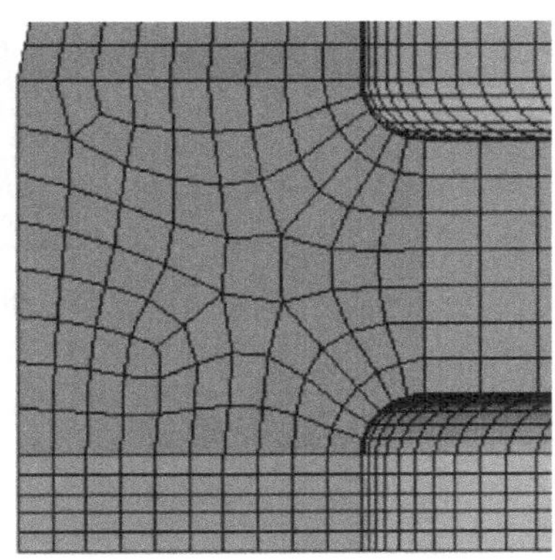
(c) 倒角处网格放大图

图 4-28　管板连接区网格划分

形，下部和右侧截面为四边形。设置管板导角圆弧和直边段网格数量，生成四边形面网格，扫略面网格生成管板连接处的网格如图 4-28（b）所示。管板导角处局部网格如图 4-28（c）所示。在进行网格无关性验证时，可调整管板导角圆弧和直边段网格数量，细化网格尺寸。

管板削弱区为一个 1/4 圆柱，按照古币内方外圆的结构，对管板削弱区进行几何体剖分，剖分结果如图 4-29（a）所示，1/4 圆被分为 3 个四边形，网格划分结果如图 4-29（b）所示。

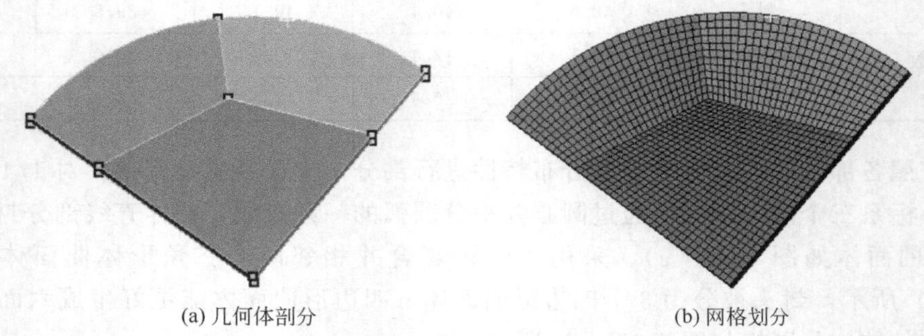

(a) 几何体剖分　　(b) 网格划分

图 4-29　管板削弱区网格划分

筒体截面为矩形，可直接设置长和厚度方面的网格节点数，生成四边形面网格，扫略面网格生成筒体网格。最终换热器的网格模型如图 4-30 所示，总网格数为 80460 个，都为六面体网格，单元为 SOLID186 三维 20 节点。

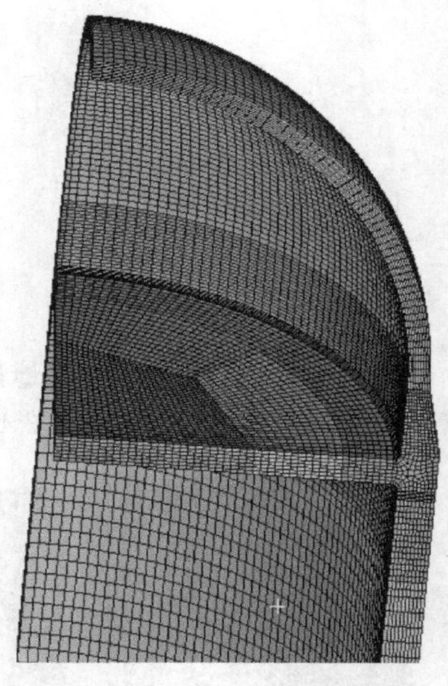

图 4-30　换热器总体网格模型

4.5.2　载荷与边界条件

(1) *危险工况*

根据 GB/T 150.1 耐压试验 4.6.1.7 规定，对于由 2 个或 2 个以上的压力室组成的多腔容器，可按照压力室任一时刻压差不超过允许压差值进行耐压试验。对本换热器壳体厚度和管板按照壳程与管程压差进行设计，并在图样上应注明管程和壳程压差绝对值不超过1MPa。管程与壳程压差可能为 1MPa、－1MPa、0MPa，同时考虑是否有热膨胀差，总共有 6 个危险工况（Case 1～Case 6），对应载荷见表 4-16。

表 4-16 危险工况与载荷 MPa

参数	危险工况					
	Case1	Case2	Case3	Case4	Case5	Case6
壳程压力	10	9	10	10	9	10
管程压力	9	10	10	9	10	10
管板压差	1	－1	0	1	－1	0
壳程管板管子分布区等效压力	6.21	5.59	6.21	6.21	5.59	6.21
管程管板管子分布区等效压力	6.87	7.64	7.64	6.87	7.64	7.64
有无热应力	无	无	无	有	有	有

据换热的操作条件，换热器热稳态的边界条件如表 4-17 所示。

表 4-17 温度载荷

位置	温度/℃	换热系数/[W/(m^2·℃)]
壳程及与之相连的管板面	225	800
封头内表面及与之相连的管板	256	663
换热器外表面		绝热

(2) 边界条件

由图 4-30 可知，1/4 换热器几何模型为轴对称模型，设备受力以后，设备仍然满足直法线假设，在圆周方向 θ 变化为 0，为此建立局部圆柱坐标系，设置换热器 1/4 截面，在坐标 θ 方向变化为 0。设换热器下端纵截面在轴线方向的位移为 0。

4.5.3 管板管孔带等效参数计算方法

换热器管板管孔带等效参数的计算方法宜参考 ASME BPVC. Ⅷ.2-2019 附录 5-E 和 4.18.6。

$$d^*=\max\left\{d_t-2t_t\left(\frac{E_{tT}}{E}\right)\left(\frac{S_{tT}}{S}\right)\rho, d_t-2t_t\right\}$$

式中，d^* 为管孔有效直径；d_t 为管子公称直径；t_t 为管壁公称厚度；E_{tT} 为在管板设计温度下管子材料的弹性模量；E 为管板材料在管板设计温度下的弹性模量；S_{tT} 为在管板设计温度下管子材料的许用应力；S 为管板材料在设计温度下的许用应力；$\rho=ltx/h$，即换热管胀接深度与管板厚度之比。换热管型号为 $\phi19\times2$，按照上式计算得 $d^*=15$。各尺寸如图 4-31。

$$p^*=p\left[1-\frac{4\min\{A_L, 4D_o p\}}{\pi D_o^2}\right]^{-0.5}$$

式中，p^* 为有效管间距；p 为管间距；D_o 为外排管子范围圆的当量直径，如图 4-32 所示，$D_o=2r_o+d_t$；A_L 为未布管带总面积。

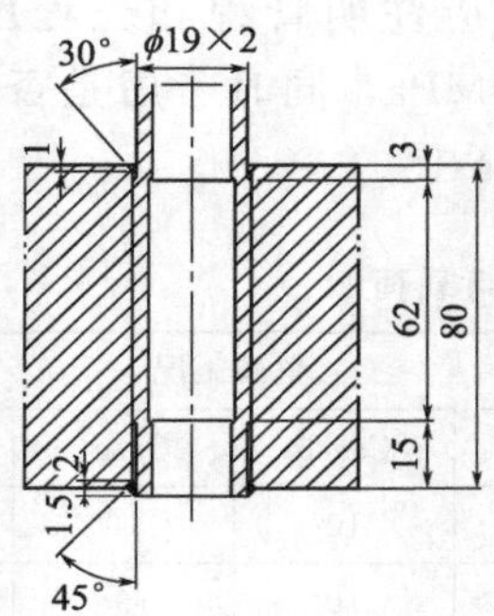

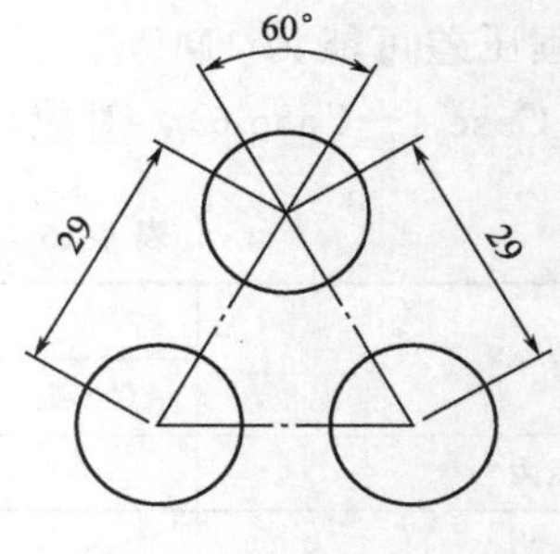

图 4-31　管板开孔与管子排列

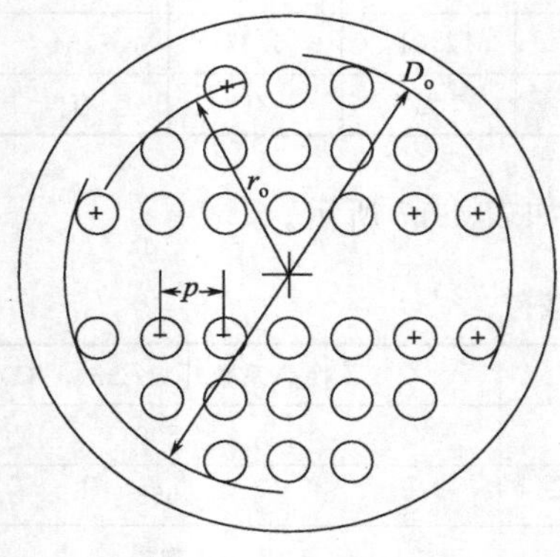

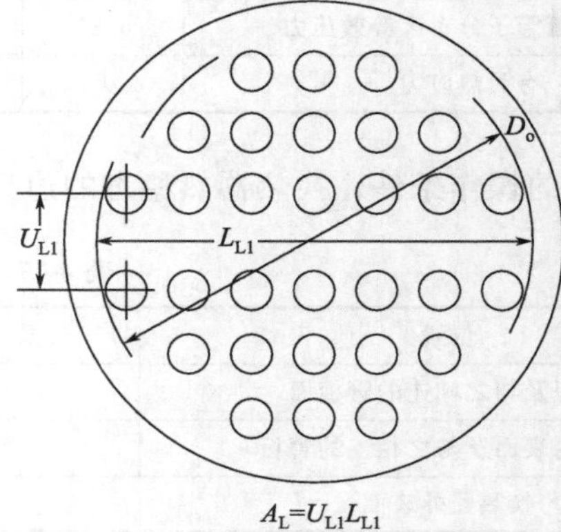

图 4-32　管板削弱区示意图

经计算 $p^*=29$，管孔有效削弱系数：

$$\mu^*=\frac{p^*-d^*}{p^*}$$

代入参数，计算得 $\mu^*=0.483$。

正三角形布管的孔管板有效弹性模量和泊松比计算方法分别参考 ASME BPVC. Ⅷ. 2-2019 表 5. E. 1 和 5. E. 2，计算有效弹性模量 $E^*=0.521E$，有效泊松比 $\upsilon^*=0.3$。

管板管孔带，即换热管分布区域等效压力为：

$$P_{ps}=\frac{A-A_{ps}}{A}P_s$$

$$P_{pt}=\frac{A-A_{pt}}{A}P_t$$

式中，P_{ps} 为壳程管板（上表面）管孔带等效压力；P_{pt} 为管程管板（下表面）管孔带等效压力；A 为管板孔分布区等效面积，$A=(\pi/4)D_L^2$，壳程压力区域面积 $A_{ps}=(\pi/4)nd_t^2$，管程压力区域面积 $A_{pt}=(\pi/4)n(d_t-2t_t)^2$；$D_L$ 为管板孔分布区等效直径；d_t 为管子外径；t_t 为管子壁厚。

因结构原因，上管板除承受管程与壳程压力外，还承受整个管束的重力载荷。换热器管束的总质量为 52000kg，管板削弱区的体积为 0.163m^3，将管束的重力载荷等效为管板削弱区的密度 319018.4kg/m^3。

4.5.4　机械应力和热应力计算

（1）机械应力计算

以工况2为例，按照表4-16施加载荷边界条件，按照4.5.2节所列边界条件，以静应力计算换热器的应力强度如图4-33所示。在管板上应力云图按照轴对称分布，在换热器管板导角区应力强度最大，在管板削弱区与管板连接区存在应力分布云图不连续现象，属于二次应力。

（2）温度场与热应力

热应力属于二次应力，要计算热应力首先应计算两相流体热交换稳态即温度场，根据表4-17所示的温度边界条件，求得的换热温度场如图4-34所示，因绝热良好，在封头即流体进口管箱内无热交换，封头与热流体进口温度基本一致，壳程温度相对较低，固定管板处存在温度梯度。

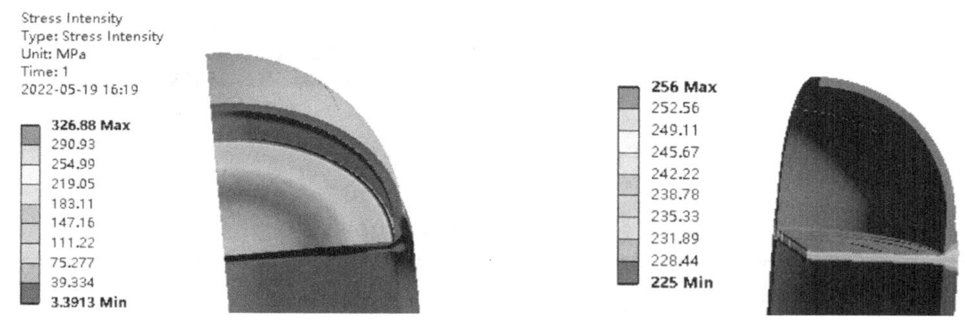

图4-33　换热器应力强度云图　　　　图4-34　换热温度场（℃）

通过ANSYS Workbench平台将温度场导入机械结构静力计算程序，施加如4.5.2节所示边界条件，计算的热应力如图4-35所示。由图4-35可见，在封头、筒体与管板的连接处存在较大的热应力，在封头与管板连接处虽然温度均匀，但是管板热胀系数比封头的大，热变形量大。为满足结构的连续性，管板与封头连接处内表面被压缩，而封头内表面被拉伸，管板与封头连接处外表面还承受管板变厚度段热变形的拉伸作用。受温度梯度和热胀系数影响，在管板与筒体的连接处热应力云图存在明显的分界线。

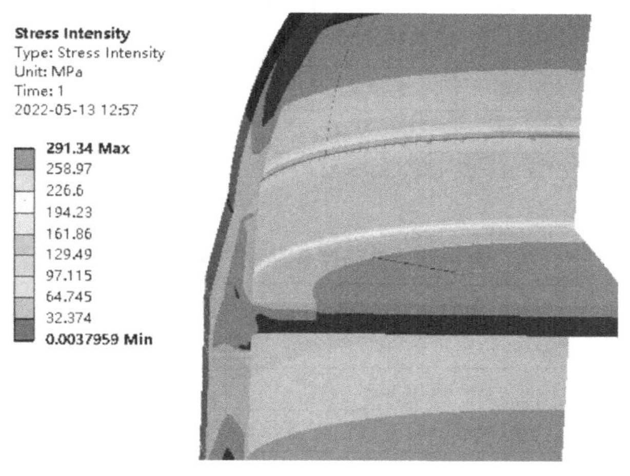

图4-35　热应力云图

4.5.5 应力评定

危险工况下 Case1、Case2、Case3 计算机械应力，Case4、Case5、Case6 按照热-固耦合计算机械应力和热应力，评定路径如图 4-36，评定结果见表 4-18。在路径 1 上不存在薄膜应力，只存在一次弯曲应力，而在路径 2 和路径 3 上存在结构不连续引起的局部薄膜应力。换热器各部件许用应力见表 4-19。

图 4-36 应力分类路径

Path 1～Path 6—路径 1～路径 6

表 4-18 危险工况应力按各路径进行分类评定 MPa

路径	应力分类	Case1	Case2	Case3	Case4	Case5	Case6
路径 1：A-1 到 A-2	P_L	—	—	—	—	—	—
	P_L+P_b+Q①	51.58	138.47	101.11	57.229	144.12	106.75
路径 2：B-1 到 B-2	P_L	24.876	29.128	27.318	—	—	—
	P_L+P_b+Q	46.602	122.13	89.743	28.944	91.8	60.253
路径 3：C-1 到 C-2	P_L	25.219	30.027	28.256	—	—	—
	P_L+P_b+Q	51.591	168.1	114.31	39.523	141.79	93.119
路径 4：D-1 到 D-2	P_L	47.123	51.568	51.937	—	—	—
	P_L+P_b+Q	83.524	57.607	66.792	204.29	228.9	214.75
路径 5：E-1 到 E-2	P_L	37.094	36.34	38.245	—	—	—
	P_L+P_b+Q	108.41	137.46	129.42	90.861	63.939	71.867
路径 6：F-1 到 F-2	P_L	77.68	79.988	79.82	—	—	—
	P_L+P_b+Q	107.24	109.13	113.71	283.21	268.57	277.24

① 路径 1 的应力分类第二项在 Case1、Case2、Case3 为 P_L+P_b，在 Case4、Case5、Case6 为 P_L+P_b+Q。

表 4-19 换热器各部件许用应力

部件	材料	S_m/MPa	S_m^t/MPa
管板	SA-965 Grade F304L	115	98
封头	SA-387 Grade11 Class2	148	148
筒体	SA-516 Grade70	138	138

按照 $P_L<1.5S_m$，$P_L+P_b+Q<3S_m$ 原则进行应力分类评定，Case4、Case5、Case6 取 S_m^t 代替 S_m，所有危险工况计算的应力按照路径分类评定都通过。

4.5.6　管板厚度优化

管板上的分析路径为 1、2、3。通过应力分析发现，路径 1、2、3 的应力水平相对于应力许用极限较低，上管板厚度具有进一步优化空间。管板最为危险的工况为 Case2 和 Case5，不同厚度管板在 Case2 和 Case5 的载荷作用下应力分类如表 4-20 所示。当管板厚度为 70mm 时，所有路径应力评定通过，离许用应力上限还有较大余量；当管板厚度为 60mm 时，Case2、路径 3 的 $P_L+P_b+Q=314.75\text{MPa}<3S_m=345\text{MPa}$，Case5、路径 3 的 $P_L+P_b+Q=263.03\text{MPa}<3S_m^t=294\text{MPa}$，应力校核通过，但离许用应力上限余量较小；当管板厚度为 50mm 时，Case2、路径 3 的 $P_L+P_b+Q=470.99\text{MPa}>3S_m=345\text{MPa}$，Case5、路径 3 的 $P_L+P_b+Q=411.11\text{MPa}>3S_m^t=294\text{MPa}$，应力校核不合格。综上所述，换热器管板厚度可至少优化到 70mm。

表 4-20　不同管板厚度（80mm、70mm、60mm、50mm）应力评定

路径	应力分类	Case2	Case5	Case2	Case5	Case2	Case5	Case2	Case5
		80mm		70mm		60mm		50mm	
路径 1：A-1 到 A-2	P_L	25.854	—	27.784	—	30.097		32.957	
	P_L+P_b+Q①	138.47	144.12	175.48	180.45	232.2	234.27	326.07	328.04
路径 2：B-1 到 B-2	P_L	29.128	—	32.367	—	36.594		42.283	
	P_L+P_b+Q	122.13	91.8	158.4	121.45	214.55	167.57	307.74	245.32
路径 3：C-1 到 C-2	P_L	30.027	—	34.85	—	41.094		49.536	
	P_L+P_b+Q	168.1	141.79	225.22	184.89	314.75	263.03	470.99	411.11

① 路径 1 的应力分类第二项在 Case2 为 P_L+P_b，在 Case5 为 P_L+P_b+Q。

4.6　基于流-热-固耦合的换热器失效分析

采用 ANSYS Workbench 平台计算换热器流-热-固耦合的塑性失效。Fluent 流-固耦合共轭传热与 ANSYS 热-固耦合应力分析方法是不同的。Fluent 采用有限体积法，而 ANSYS 应力分析是有限单元法。

在计算换热器应力强度时采用单向耦合分离式求解。通过 Fluent 进行流-固耦合共轭传热，计算出固体壁面温度，将 Fluent 计算的固体壁面温度参数传送给 ANSYS 应力分析系统中固体壁面单元，固体有限单元和接收的数据进行映射，按照比例插值分割给有限单元节点，求出换热器固体热稳态，将热稳态与压力载荷耦合计算换热器的应力强度。

4.6.1　热-固耦合应力强度数值计算方法

（1）线弹性理论

采用分析设计时，设备壁厚一般可在常规设计的基础上减薄 20%左右。在分析设计中常采用线弹性模型进行应力计算，即当应力超过屈服点以后，应力与应变仍然按照胡克定律处理，得到的计算结果常被称为“弹性名义应力”。然后根据塑性失效准则对弹性名义应力进行分类，对各类应力给予不同的安全裕度，从而保证设备在设计寿命内不发生失效行为。

热弹性力学的应力方程组包括平衡方程、本构方程和应变协调方程。

平衡方程：

$$\begin{cases}\dfrac{\partial\sigma_x}{\partial x}+\dfrac{\partial\tau_{yx}}{\partial y}+\dfrac{\partial\tau_{zx}}{\partial z}=0\\ \dfrac{\partial\tau_{xy}}{\partial x}+\dfrac{\partial\sigma_y}{\partial y}+\dfrac{\partial\tau_{zy}}{\partial z}=0\\ \dfrac{\partial\tau_{xz}}{\partial x}+\dfrac{\partial\tau_{yz}}{\partial y}+\dfrac{\partial\sigma_z}{\partial z}=0\end{cases}$$

本构方程：

$$\begin{cases}\sigma_x=\dfrac{E}{1-2\mu}\left[\dfrac{1-\mu}{1+\mu}\varepsilon_x+\dfrac{\mu}{1+\mu}(\varepsilon_y+\varepsilon_z)-\alpha\Delta T\right]\\ \sigma_y=\dfrac{E}{1-2\mu}\left[\dfrac{1-\mu}{1+\mu}\varepsilon_y+\dfrac{\mu}{1+\mu}(\varepsilon_x+\varepsilon_z)-\alpha\Delta T\right]\\ \sigma_z=\dfrac{E}{1-2\mu}\left[\dfrac{1-\mu}{1+\mu}\varepsilon_z+\dfrac{\mu}{1+\mu}(\varepsilon_y+\varepsilon_x)-\alpha\Delta T\right]\end{cases}$$

$$\begin{cases}\tau_{xy}=\dfrac{E}{2(1+\mu)}\gamma_{xy}\\ \tau_{yz}=\dfrac{E}{2(1+\mu)}\gamma_{yz}\\ \tau_{zx}=\dfrac{E}{2(1+\mu)}\gamma_{zx}\end{cases}$$

应变协调方程：

$$\begin{cases}\dfrac{\partial^2\varepsilon_x}{\partial y^2}+\dfrac{\partial^2\varepsilon_y}{\partial x^2}=\dfrac{\partial^2\gamma_{xy}}{\partial x\partial y},\dfrac{\partial}{\partial x}\left(\dfrac{\partial\gamma_{zx}}{\partial y}+\dfrac{\partial\gamma_{xy}}{\partial z}-\dfrac{\partial\gamma_{yz}}{\partial x}\right)=2\dfrac{\partial^2\varepsilon_x}{\partial y\partial z}\\ \dfrac{\partial^2\varepsilon_y}{\partial z^2}+\dfrac{\partial^2\varepsilon_z}{\partial y^2}=\dfrac{\partial^2\gamma_{yz}}{\partial y\partial z},\dfrac{\partial}{\partial y}\left(\dfrac{\partial\gamma_{xy}}{\partial z}+\dfrac{\partial\gamma_{yz}}{\partial x}-\dfrac{\partial\gamma_{zx}}{\partial y}\right)=2\dfrac{\partial^2\varepsilon_y}{\partial z\partial x}\\ \dfrac{\partial^2\varepsilon_z}{\partial x^2}+\dfrac{\partial^2\varepsilon_x}{\partial z^2}=\dfrac{\partial^2\gamma_{zx}}{\partial z\partial x},\dfrac{\partial}{\partial z}\left(\dfrac{\partial\gamma_{yz}}{\partial x}+\dfrac{\partial\gamma_{zx}}{\partial y}-\dfrac{\partial\gamma_{xy}}{\partial z}\right)=2\dfrac{\partial^2\varepsilon_z}{\partial x\partial y}\end{cases}$$

式中，法向应变 ε 和剪切应变 γ 定义式如下：

$$\begin{cases}\varepsilon_x=\dfrac{\partial u}{\partial x},\gamma_{xy}=\dfrac{\partial v}{\partial x}+\dfrac{\partial u}{\partial y}\\ \varepsilon_y=\dfrac{\partial v}{\partial y},\gamma_{yz}=\dfrac{\partial w}{\partial y}+\dfrac{\partial v}{\partial z}\\ \varepsilon_z=\dfrac{\partial w}{\partial z},\gamma_{zx}=\dfrac{\partial u}{\partial z}+\dfrac{\partial w}{\partial x}\end{cases}$$

式中，u，v 和 w 分别表示笛卡儿坐标系中 x，y，z 轴方向的位移。

（2）弹塑性理论

线弹性方法是一种简化的应力计算方法，计算出的“名义应力”很容易因为外部载荷过大而超过材料的屈服强度，忽略了材料在达到屈服强度后出现塑性流动硬化，其计算的结果往往不能体现材料的真实承载能力。

塑性分析法充分考虑材料的非线性特性，确定结构在不同失效模式下的承载极限。在工程设计和分析中常忽略屈服极限和比例极限两者的差异，采用近似真实的应力-应变曲线描述材料的塑性行为。

ASME BPVC. Ⅷ. 2 中采用屈服强度 σ_{ys}、抗拉强度 σ_{uts} 和弹性模量 E_y 3 个参数确定设计温度下的应力-应变（σ_t-ε_{ts}）曲线。应力-应变曲线计算过程如下：

$$\varepsilon_{ts}=\frac{\sigma_t}{E_y}+\gamma_1+\gamma_2$$

式中　$\gamma_1=\frac{\varepsilon_1}{2}(1.0-\tanh H)$

$$\gamma_2=\frac{\varepsilon_2}{2}(1.0+\tanh H)$$

$$\varepsilon_1=\left(\frac{\sigma_t}{A_1}\right)^{\frac{1}{m_1}}$$

$$A_1=\frac{\sigma_{ys}(1+\varepsilon_{ys})}{[\ln(1+\varepsilon_{ys})]^{m_1}}$$

$$m_1=\frac{\ln R+(\varepsilon_p-\varepsilon_{ys})}{\ln\left[\frac{\ln(1+\varepsilon_p)}{\ln(1+\varepsilon_{ys})}\right]}$$

$$\varepsilon_2=\left(\frac{\sigma_t}{A_2}\right)^{\frac{1}{m_2}}$$

$$A_2=\frac{\sigma_{uts}\exp(m_2)}{m_2^{m_2}}$$

$$H=\frac{2\{\sigma_t-[\sigma_{ys}+K(\sigma_{uts}-\sigma_{ys})]\}}{K(\sigma_{uts}-\sigma_{ys})}$$

$$R=\frac{\sigma_{ys}}{\sigma_{uts}}$$

$$K=1.5R^{1.5}-0.5R^{2.5}-R^{2.5}$$

式中，A_1 为应力-应变曲线弹性区域的曲线拟合常数，A_2 为应力-应变曲线塑性区域的曲线拟合常数。对于不锈钢，应力-应变曲线拟合参数 $\varepsilon_p=2\times10^{-5}$，$m_2=0.75(1-R)$。工程上常取 $\varepsilon_{ys}=0.2\%$为材料的屈服应变。

本研究对象夹层高温空气进口温度为 830K，材料为 304 不锈钢，螺旋套管换热器沿高温气体流动方向温度逐渐降低。对于温度低于 475℃段，按照 ASME BPVC. Ⅷ. 2 的方法计算真实应力-应变曲线。对于高温段，应力-应变关系参考 ASME BPVC. Ⅲ. 5 标准。

(3) 热应力计算

采用线弹性模型，考虑到换热器沿长度方向有较大温度梯度，弹性模量与温度有关，求解热应力仍是一个非线性问题。ANSYS 程序在计算非线性问题时常用一列带校正的线性近似来求解，常采用牛顿-拉弗森（Newton-Raphson，N-R）平衡迭代和弧长算法。

N-R平衡迭代克服了纯粹增量近似求解误差积累的缺点，在每次计算前，估算出残差矢量，然后使用非平衡载荷进行线性求解，评估收敛性，如果不满足收敛要求，再重新估算非平衡载荷，修正刚度矩阵，再次计算直至问题得到收敛。ANSYS程序提供了一些改进算法，如自动载荷步、二分搜索、线性搜索等来提高求解速度和N-R的收敛性。

在应用弹塑性方法计算不同失效模式的极限载荷时，常采用弧长算法。弧长算法通过使N-R平衡迭代沿弧线进行来增强问题的收敛性。

4.6.2 模型与验证

（1）几何模型

以换热器作为研究对象进行流-热-固耦合计算换热器在压力和高温载荷下的应力强度，换热器的螺旋结构参数如外管T形接头、内管直管段、夹层封头尺寸见图4-37。

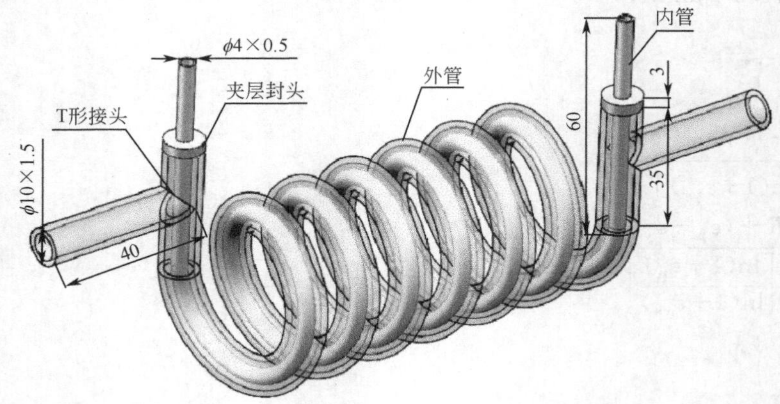

图4-37 螺旋套管换热器几何模型

（2）网格无关性验证

应力计算采用SOLID187 10节点高阶四面体网格，自由划分网格，并在T形接管相贯线处局部加密。最终，生成的应力计算网格模型局部放大图见图4-38。

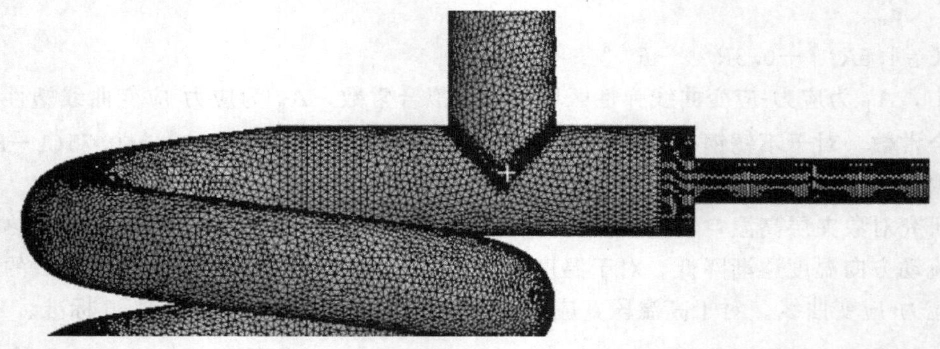

图4-38 应力计算网格模型局部放大图

通过控制单元网格尺寸，分别生成48万、122万、291万网格。螺旋内管压力为4MPa，夹层压力为1MPa。采用线弹性方法计算名义应力强度，不同精度网格的计算结果如图 4-39 所示。由图 4-39 可知，当网格为 48 万时压力强度云图出现点状不连续分布，当网格大于等于 122 万以后，云图连续；最大应力都出现在 T 形接管相贯线上，不同精度的网格计算最大应力强度分别为 18.197 MPa、18.691 MPa、18.537MPa，相对误差分别为 2.71%和−0.82%。可以认为，当网格细化至 122 万后计算结果基本与网格无关。

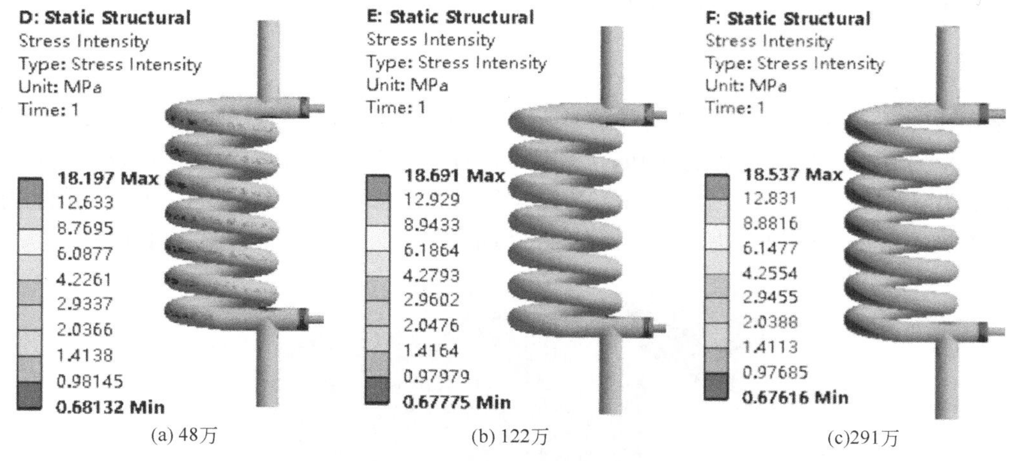

(a) 48万　(b) 122万　(c)291万

图 4-39　不同精度网格计算结果

（3）仿真结果验证

可将不同网格的计算值与理论值进行比较以验证网格无关性和计算的可靠性，虽然无法将全部计算结果与理论值进行比较，尤其是结构不连续区产生的二次附加应力，但是不连续区二次应力分布具有局部性，影响的区域较小，远离不连续区应力仍然按照薄膜应力分布。将远离结构不连续区的局部数值计算结果与理论值比较，对计算结果进行局部验证也是一种可行的方法。在厚壁管中最大环向应力 $\sigma_{\theta,\max}$ 位于管内壁，而外壁环向应力最小为 $\sigma_{\theta,\min}$，厚壁管环向应力理论计算公式如下：

$$\sigma_{\theta,\max}=P_{\mathrm{i}}\frac{K^2+1}{K^2-1}$$

$$\sigma_{\theta,\min}=P_{\mathrm{i}}\frac{2}{K^2-1}$$

式中，P_{i} 为内表面压力，K 为圆筒外径与内径之比，$K=d_{\mathrm{o}}/d_{\mathrm{i}}$，当 $K>1.2$ 时，为厚壁管。

选取外管和内管直管段且远离结构不连续区的局部位置，并建立局部柱坐标，将应力按圆柱坐标方向分解。不同精度网格数值计算的环向应力仿真值与理论值的计算误差如表 4-21

表 4-21　仿真值与理论值计算误差

部件	应力	理论值/MPa	48 万网格		122 万网格		291 万网格	
			仿真值/MPa	相对误差/%	仿真值/MPa	相对误差/%	仿真值/MPa	相对误差/%
外管	$\sigma_{\theta,\max}$	2.9216	2.791	4.47	2.908	−0.46	2.916	−0.19
	$\sigma_{\theta,\min}$	1.9216	1.789	6.90	1.913	−0.45	1.924	0.13
内管	$\sigma_{\theta,\max}$	14.2857	13.682	4.23	14.264	−0.15	14.272	−0.11
	$\sigma_{\theta,\min}$	10.28571	10.077	2.03	10.282	−0.04	10.271	−0.15

所示，发现当网格细化至122万精度时，其计算结果与291万精度基本相当，且相对误差小于0.5%。说明有限单元数值计算结果和理论计算值一致性较好。在后续小节中实际计算网格数量保持在200万以上。

4.6.3 基于线弹性的换热器应力计算

(1) 边界条件对热变形与热应力的影响

螺旋套管气（空气）-液（航空煤油）两相对流换热仿真计算进口条件为：夹套高温空气质量流量为9g/s，进口温度为830K，夹套出口背压1MPa；内管航空煤油质量流量为4g/s，进口温度为350K，出口压力为4MPa；高温空气与航空煤油逆流操作。在Fluent软件中流-固耦合传热采用有限体积方法。换热器的流-固耦合传热计算网格模型见图4-40。

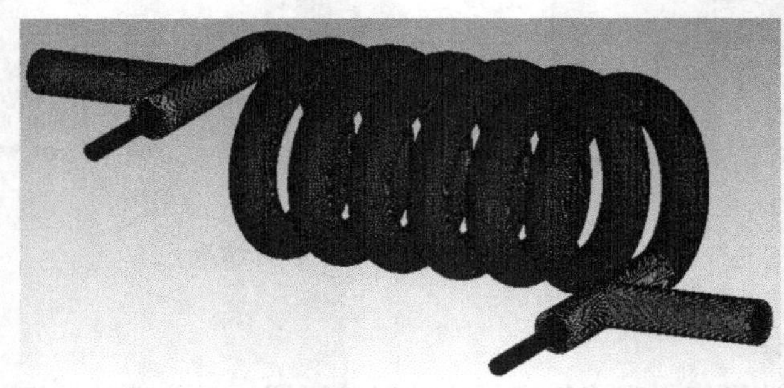

图4-40 螺旋套管换热器流-固耦合传热网格模型

最终螺旋套管换热器在该换热工况下将Fluent计算得到壁面温度传送给ANSYS应力计算系统得到换热器固体热稳态如图4-41所示。

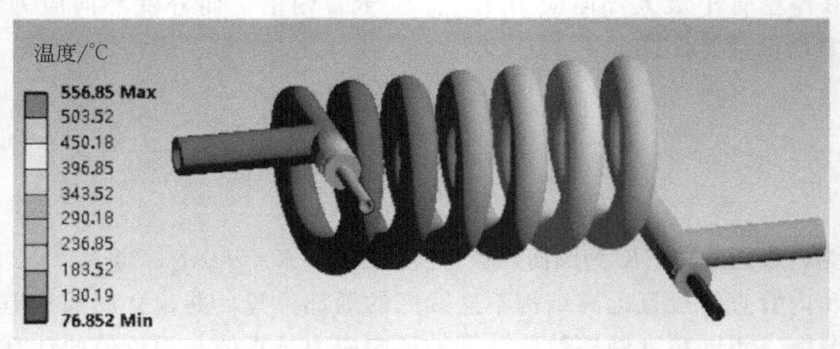

图4-41 换热工况下螺旋套管换热器温度分布

对图4-41所示的热稳态螺旋套管换热夹套和内管进、出口固体端面施加不同的边界条件，计算结果如图4-42所示。当进出口管壁端面采用固定边界条件时计算结果如图4-42(a)，在螺旋套管在热膨胀作用下，轴向出现显著的压缩。在螺旋套管圆周方向呈现周向膨胀，沿夹套高温气流方向，管壁温度逐渐降低，螺旋套管周向膨胀量逐渐减小，内管进口管道与夹层封头处出现严重翘曲变形。

将图4-42 (b) 与图4-42 (a) 对比可知，采用滑移边界条件时，螺旋套管轴向压缩变形变小，且内管与夹层封头处的变形几乎为0，内管沿螺旋套管轴向出现平动滑移。采用滑移边界条件的总变形为 0.776mm，采用固定边界条件的总变形为 0.743mm，滑移边界条件的变形更大。最大变形点出现的位置不同：滑移边界最大变形位于小于螺旋角 90°之处（螺旋角从高温空气进口度量），而固定边界出现在大于螺旋角 90°之处。造成这种现象的原因为轴向压缩和螺旋套管周向热膨胀的共同作用。

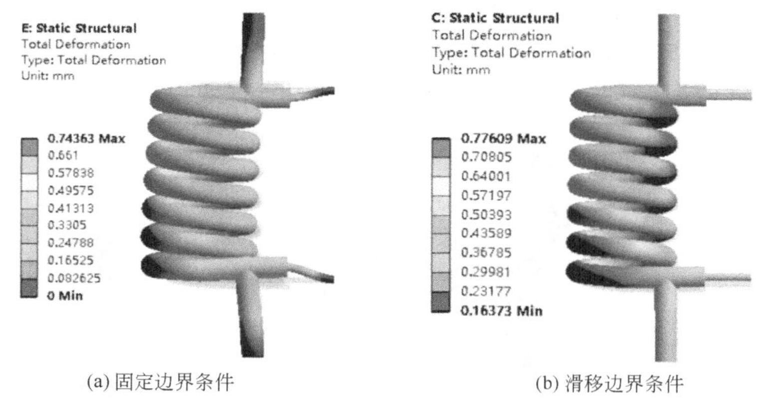

(a) 固定边界条件　　(b) 滑移边界条件

图 4-42　不同支承对热变形的影响

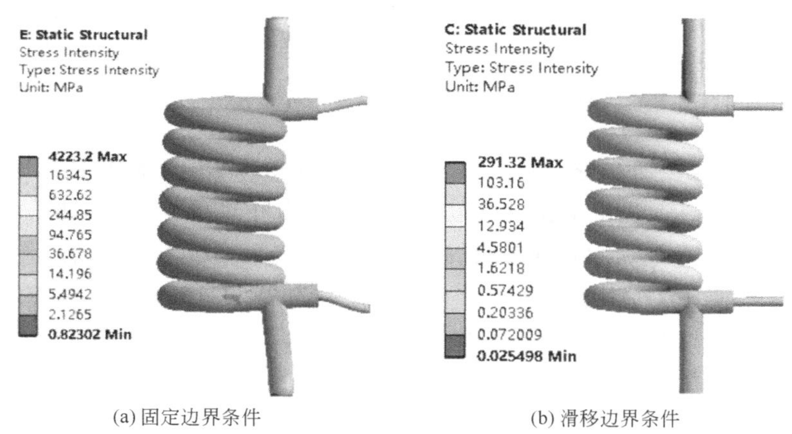

(a) 固定边界条件　　(b) 滑移边界条件

图 4-43　不同支承对热应力的影响

由图 4-43（a）可知，最大热应力出现在螺旋套管换热器两流体进出口管端截面处。因为采用固定边界条件时，自由度全被限制，热应变几乎为 0，需要较大的热应力才能维持平衡。除螺旋套管进出口处段外，内管和外管的连接处也出现了较大的应力，由图 4-43（a）可知，在该接头处，在热膨胀和固定边界条件的共同作用下产生了显著的翘曲变形。另一个较大热应力点出现在外管 T 形接头相贯线右侧点，T 形结构左右两侧点的受力情况是不同的。主要原因为 T 形接头相贯线右侧膨胀受到螺旋内管管端固定支承的约束，产生较大的热应力。由图 4-43（b）可见，在滑移边界条件作用下，在所有进出口管端截面径向和环向都能自由膨胀，所以管端截面的应力水平相对较小，而最大应力出现在外管 T 形接头相贯线切点左侧，而非相贯线顶点处。

（2）压力载荷与热载荷结算结果对比

不同载荷作用下螺旋套管换热器总变形云图如图 4-44 所示，其为滑移边界条件计算所得结果。如图 4-44（a）可知，给定内管压力为 5MPa，螺旋套管夹层为 2MPa，螺旋套管换热器在压力载荷作用下，整个换热器的最大变形为 0.0077117mm，上下端旋转对称。图 4-44（b）显示在换热工况热载荷作用下，螺旋套管温度沿高温空气流动方向（从上到下）逐渐降低，所以在轴向温差载荷的作用下，螺旋套管周向膨胀量逐渐降低。在进口 830K 的高温空气的作用下，在螺旋套管的进口段的最大热变形超过 0.77mm，相对于壁厚 1.5mm 而言，不再满足小位移假设，其变形量足以影响螺旋套管结构的整体刚度。因此在计算中考虑螺旋结构几何非线性大变形对于计算热应力至关重要。

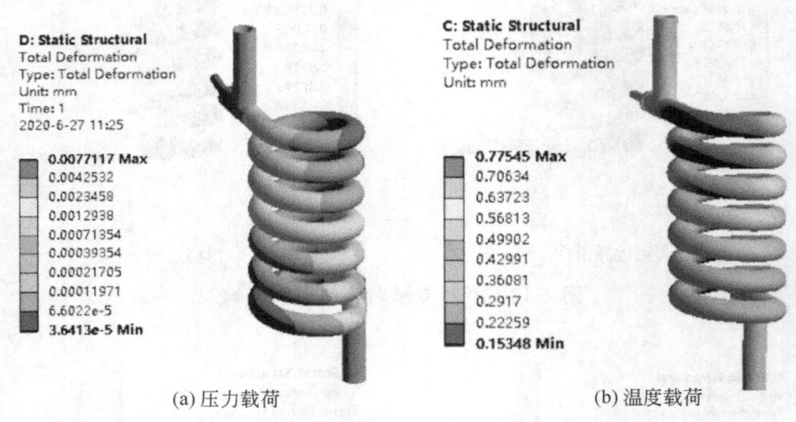

(a) 压力载荷　　(b) 温度载荷

图 4-44　不同载荷下总变形分布云图

不同载荷下应力强度分布形式及其影响范围是不同的，不同载荷的应力对结构失效的危害性也是不同的。图 4-45 显示了在滑移边界条件下压力和热载荷作用下换热器的应力强度分布云图。如图 4-45（a）所示，在给定的压力载荷作用下除结构不连续点外，机械应力总体分布比较均匀，应力分布上下对称，最大机械应力为 27.037MPa，出现在结构不连续处，即位于上下 T 形接管相贯线切点。图 4-45（b）显示最大的热应力为 252.58MPa，出现在上 T 形接管相贯线靠近切点方向，而上下 T 形接管连接处的应力水平明显不同。热应力水平是由于热膨胀受到相邻构件约束所致。与机械应力相比，螺旋套管换热器热应力大了一个数量级，说明减小热应力是螺旋套管换热器结构设计的关键。

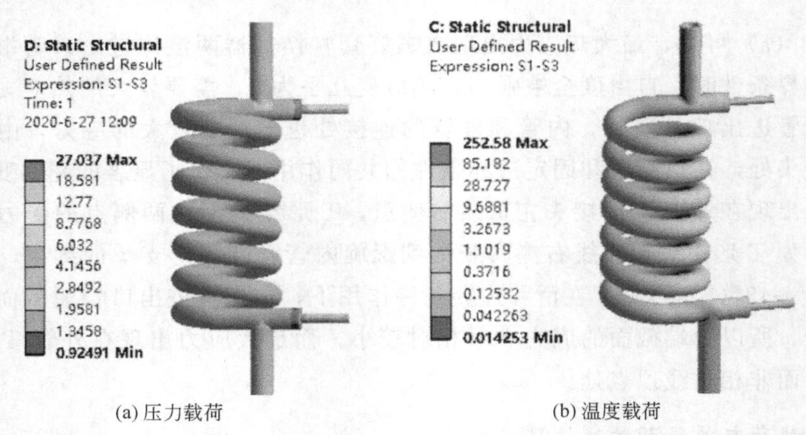

(a) 压力载荷　　(b) 温度载荷

图 4-45　不同载荷下 Tresca 应力分布云图（MPa）

图4-45（b）所示的热应力其实为名义或虚拟应力，其显示的最大值252.82MPa已经远超过304不锈钢在该温度下的屈服强度。实际情况是，当局部材料发生屈服或小量的塑性流动时，相邻部分之间的变形约束得到缓解而不再继续发展，应力就自动地限制在一定范围，具有自限性，危害性比一次应力小。

（3）大变形对机械应力与热应力的影响

由图4-46（a）、（b）可见，不论是否考虑大变形，在换热工况热载荷作用下数值计算所得热应力分布总体相似，最大应力点出现的位置基本相同。但是考虑大变形计算所得的名义热应力更大，为291.32MPa，而不考虑大变形计算的结果为252.58MPa，相对误差－13.3%。据图4-44（b）可知，最大热变形超过0.77mm，相对于管壁厚度来讲，不再满足小位移假设，由于热变形将造成管壁减薄，结构的刚度矩阵被削弱，结构将变得不稳定，计算的应力强度将变大。对于高温换热工况来讲，其应力计算属于大变形问题，采用大变形计算得到的热应力更加符合实际。

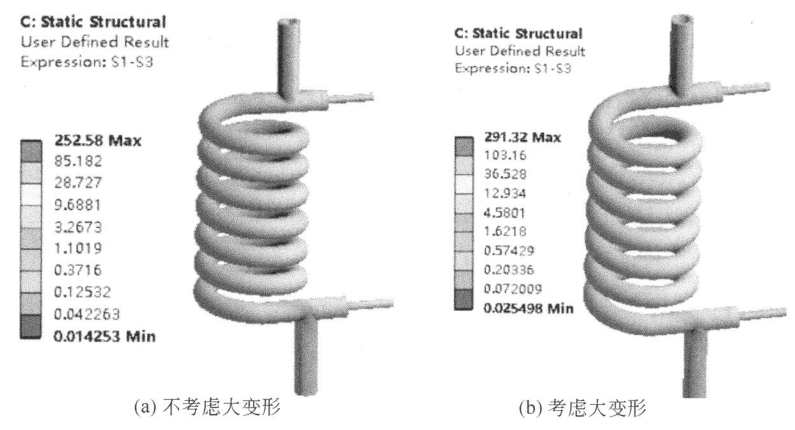

(a) 不考虑大变形　　(b) 考虑大变形

图4-46　大变形对名义热应力的影响（MPa）

由图4-44（a）可知，在压力载荷作用下，螺旋套管换热器变形量非常小，位移满足小位移假设。如图4-47所示，无论是否开启有限单元大变形功能，其计算的机械应力都非常接近，相对误差为2.69%，说明计算单元的大变形功能对机械应力的影响较小。

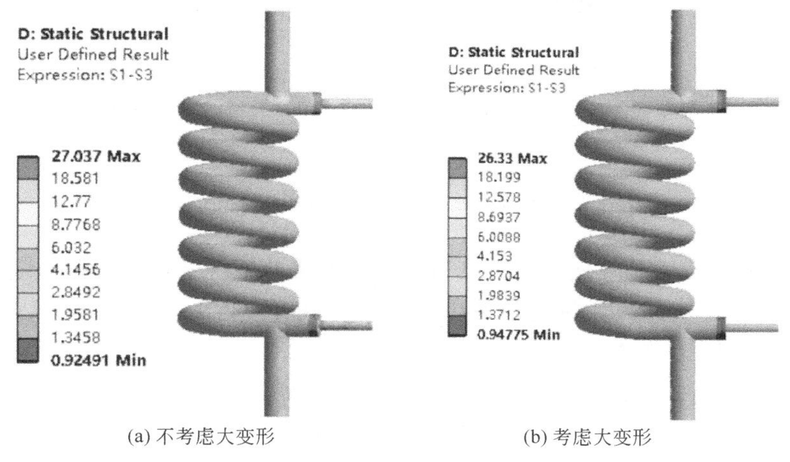

(a) 不考虑大变形　　(b) 考虑大变形

图4-47　大变形对机械应力的影响（MPa）

4.6.4 基于弹塑性的换热器失效分析

弹塑性方法避免了线弹性方法凭经验进行一次、二次应力的分类过程，充分考虑了材料的塑性承载能力，有利于设备的轻量化设计，并且可控制结构的变形量。随着多核并行计算的发展，采用弹塑性方法进行计算的工程分析案例越来越多。

确定操作压力上限的方法主要有理论分析、实验法、弹塑性有限元法。理论分析主要应用于简单结构，假设材料有理想弹塑性，应力计算结果对实际具有一定的指导意义，如计算厚壁屈服压力的 Mises 屈服准则。实验法即通过实验绘制 P-ε 或 P-ω 曲线，通过处理曲线确定极限压力，处理方法主要有切线交点法，及两倍弹性变形、两/三倍弹性斜率、塑性功、$3\delta/5\delta$ 准则等方法，章为民等认为上述处理方法都不够客观，提出零曲率准则，认为零曲率准则得出标准误差最小，并指出，零曲率准则同样适用于非线性有限元计算。

当采用真实应力-应变本构方程计算应力强度时，根据零曲率准则，当载荷增加到某一值时，施加很小的载荷增量即会使结构发生较大的变形，以至于结构整体刚度矩阵被削弱，当这种变化继续扩大时，整个设备将发生塑性垮塌，对应的载荷就称为垮塌载荷。这种状态在数学上求解将会遇到困难，即载荷增加到一定值，计算将因不再收敛而自动停止，如第 K 步载荷发生断点，那么第 $K-1$ 步对应的载荷就是该结构的垮塌载荷。

本节采用大变形有限单元和应力-应变多线性等效强化模型，计算螺旋套管在热耦合条件下夹套爆破压力。真实应力-应变曲线如图 4-48 所示。由图 4-48 可知，真实应力-应变曲线仍然存在一定的理想化假设，忽略了屈服极限和比例极限两者的差异。

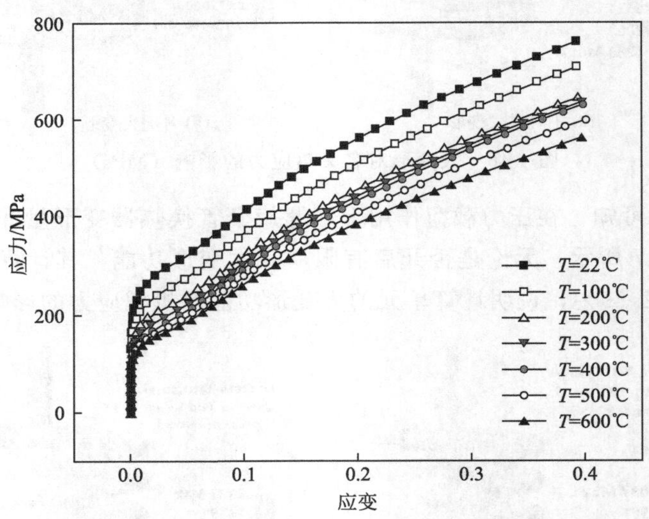

图 4-48 不同温度下 304 不锈钢真实应力-应变曲线

爆破压力计算采用弧长算法，螺旋套管换热器在换热工况下，夹套压力随塑性应变增加曲线如图 4-49 所示。当压力载荷增加到 18.14MPa 以后，再增加载荷时，程序无法自动计算，得到爆破压力为 18.14MPa。

ASME BPVC. Ⅷ. 2 根据 P-ε 曲线采用二倍弹性斜率法确定极限压力，而 EN 13445-3 采用双切线法确定极限压力。本例中采用收敛断点载荷作为垮塌载荷，虽然得到图 4-49 中压力载荷与塑性应变的关系曲线，但是无法通过二倍弹性斜率或双切线作图法准确地求夹套极

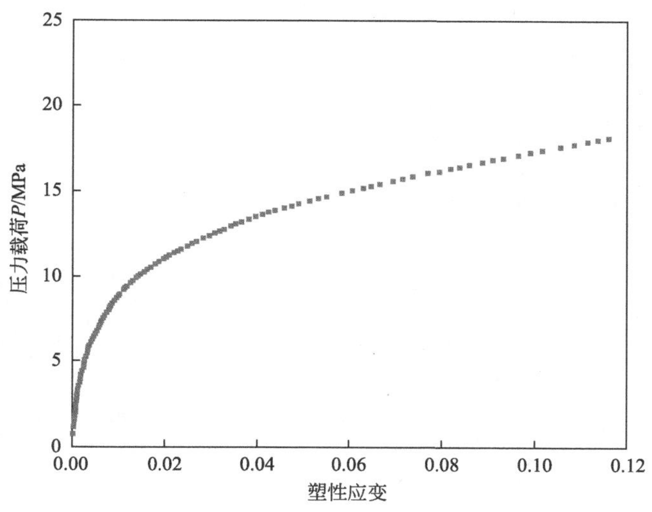

图 4-49　换热工况下压力载荷-塑性应变曲线

限压力。这是因为计算应变为热载荷和压力载荷耦合计算结果，具体步骤分为两个载荷步，第一个载荷步为换热工况下的热载荷，第二个载荷步才是压力载荷。在计算压力载荷时，结构在热载荷作用下已经有了一定的弹性变形。如采用双切线或二倍弹性斜率法在图 4-49 中作图会造成弹性阶段斜率不准确，进而得到的极限压力误差较大，且作图法也存在主观因素影响。

本节采用理想弹塑性模型计算极限压力载荷。不同温度下 304 不锈钢理想弹塑性应力-应变曲线如图 4-50 所示。图 4-50 中当材料达到屈服点以后，应力与应变用斜率为 0.5%的直线近似表征塑性变形。

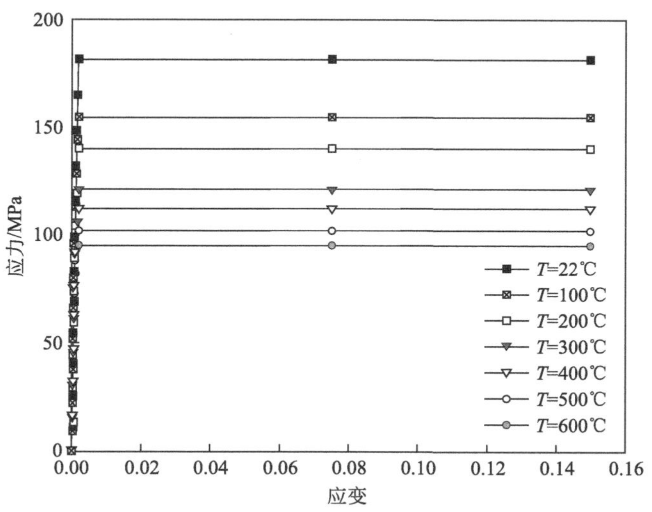

图 4-50　不同温度下 304 不锈钢理想弹塑性应力-应变曲线

实际计算过程中仍然分为两个载荷步进行加载。当温度载荷加载完成后，第二个载荷步夹套压力增加到 4.314MPa 后再增加压力时，计算不收敛而自动停止，将 4.314MPa 作为螺旋套管该换热工况下塑性失效极限压力。在该换热工况和极限压力 4.314MPa 下螺旋套管换热器总体应力强度分布如图 4-51（a）所示，最大应力强度为 105.67MPa，非常接近材料在该温度下的屈服强度 108MPa（线性插值）。从图 4-51（b）T 形接管外表面局部应力强度分布可知，在接管相贯线周围应力都比较大，局部已经进入完全屈服状态。

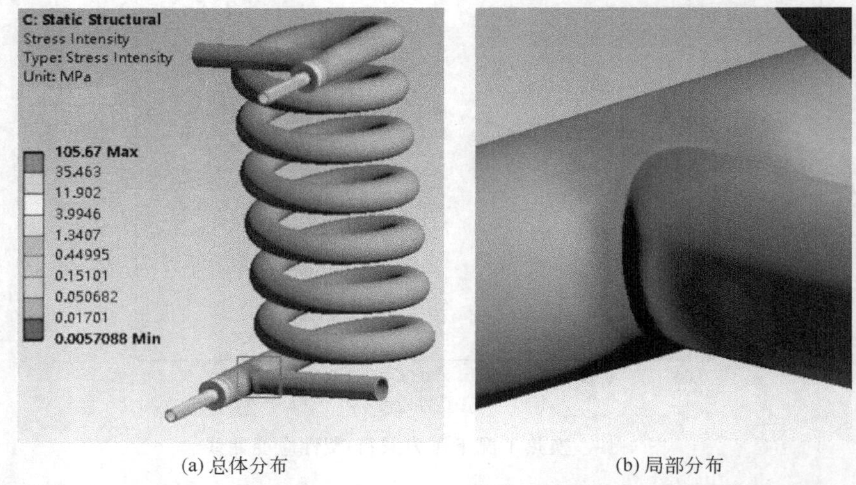

(a) 总体分布　　(b) 局部分布

图 4-51　换热工况下螺旋套管换热器极限压力的应力强度分布

螺旋套管换热器夹层的操作压力上限（许用工作压力）取极限压力和爆破压力分别除以安全系数后的较小值，操作压力上限为：

$$P_{\max}=\min\{P_L/1.5, P_b/2.4\}=\min\{2.876, 7.558\}=2.876(\text{MPa})$$

根据上式计算的螺旋夹层在换热工况下最大工作压力为 2.876MPa。需要指出的是本计算仅是耦合热稳态下的计算结果，没有考虑材料的蠕变、周期性热应力棘轮效应等问题。

第5章　过程设备计算机辅助设计

5.1　计算机辅助设计简介

计算机辅助设计（computer aided design，CAD）是指利用计算机及其图形设备辅助设计人员进行设计工作。在工程和产品设计中，计算机可以帮助设计人员进行计算、储存信息等工作。如在设计中用计算机对不同方案进行大量的计算、分析和比较以确定最优方案；各种设计的数字、文字或图形信息，可以存放在计算机的内存或外存中，并能快速检索；设计人员用草图表达设计意图，草图变为工程图的繁重工作由计算机完成，并且自动产生设计结果，快速显示图形，便于设计人员及时判断和修改。CAD可以减轻设计人员的重复劳动，缩短设计周期和提高设计质量。

5.1.1　CAD通用软件

（1）Pro/ENGINEER

Pro/ENGINEER（简称Pro/E或Creo）是三维CAD/CAE（计算机辅助工程）/CAM（计算机辅助制造）/PDM（产品数据管理）集成设计系统。它具有3D建模、基于特征、全参数化、全相关和行为建模等主要特点，提供了设计、装配、分析、制造、数据管理、二次开发等一整套完整的产品开发解决方案，凭借其功能强大的三维产品设计系统已在众多行业和部门得到广泛应用。Pro/ENGINEER系统主要特点如下：

① 具有真正的全相关性，任何地方的修改都会自动反映到所相关的地方。

② 具有真正的管理并发进程、实现并行工程的能力。

③ 具有强大的装配功能，能够始终符合设计者的设计意图。

④ 容易使用，可以极大地提高设计效率。

Pro/ENGINEER系统用户界面简洁，概念清晰，符合工程人员的设计思想与习惯。其整个系统建立在统一的数据库上，具有完整而统一的模型。

(2) Unigraphics

Unigraphics（简称 UG）是一个高度集成的 CAD/CAM/CAE 软件系统，可应用于整个产品开发过程，包括产品的建模、分析和加工。它还具有单一数据库、复合建模、基于特征、曲面设计等主要特点，并为用户提供了界面良好的二次开发工具包。

UG 最早应用于美国麦道飞机公司，将参数化和变量化技术与传统的实体、线框和表面功能结合在一起，可为用户提供一个全面的产品建模系统。

(3) CATIA

CATIA 也是一种 CAD/CAE/CAM 一体化软件，广泛应用于航空航天、汽车制造、造船、电子电器、消费品制造等行业，它的集成解决方案覆盖所有的产品设计与制造领域，其特有的 DMU 电子样机模块功能及混合建模技术可以提高企业竞争力和生产力。

从 1982 年开始，CATIA 相继发布了 1 版本、2 版本、3 版本、V4 版本和 V5 版本系列。CATIA V5 版本为数字化企业建立了一个针对产品包括概念设计、详细设计、工程分析、成品定义和制造的整个开发过程，乃至成品在整个生命周期中的使用和维护的工作环境。

(4) SOLIDWORKS

SOLIDWORKS 是 Dassault 公司推出的基于 Windows 的机械设计软件。该公司提倡的基于 Windows 的 CAD/CAE/CAM/PDM 桌面集成系统以 Windows 为平台，以 SOLIDWORKS 为核心，集成了多种应用，包括结构分析、运动分析、工程数据管理和数控加工等，为很多企业提供了梦寐以求的解决方案。

SOLIDWORKS 是基于 Windows 平台的全参数化特征造型软件，可以方便地实现复杂的三维零件实体造型、复杂零件装配和生成工程图。图形界面友好，用户上手快。

(5) AutoCAD 和 MDT

AutoCAD 是 Autodesk 公司的主导产品，Autodesk 公司的软件产品已被广泛地应用于机械设计、建筑设计、影视制作、视频游戏开发以及万维网的数据开发等领域。

AutoCAD 有强大的二维功能，如添加剖面线和图案绘制、编辑，尺寸标注，以及二次开发等功能，同时具有部分三维功能。AutoCAD 提供了 AutoLISP、AutoCAD ARX 作为二次开发的工具。在许多实际应用领域（如机械、建筑、电子）中，一些软件开发商在 AutoCAD 基础上通过二次开发已开发出许多符合实际应用的软件。

MDT 是 Autodesk 公司在 PC（个人计算机）平台上开发的三维机械 CAD 系统。以三维设计为基础，集设计、分析、制造以及文档管理等多种功能为一体，为用户提供了从设计到制造一体化的解决方案。

由于 MDT 与 AutoCAD 均出自 Autodesk 公司，两者完全兼容，用户可以方便地实现三维向二维的转换。MDT 为 AutoCAD 用户从二维向三维升级提供了一个较好的选择。

(6) Cimatron

Cimatron CAD/CAM 提供了比较灵活的用户界面，优良的三维造型、工程绘图功能，全面的数控加工功能，各种通用、专用数据接口以及集成化的产品数据管理功能。

(7) I-DEAS

I-DEAS 是美国 SDRC 公司开发的 CAD/CAM 软件。I-DEAS Master Series 5 是高度集成化的 CAD/CAE/CAM 软件系统。它帮助工程师以极高的效率，在单一数字模型中完成从产品设计、仿真分析、测试直至数控加工的产品研发全过程，包括诸如结构分析、热力分析、优化设计、耐久性分析等提高产品性能的高级分析功能。

5.1.2 参数化设计

参数化设计（parametric design）可使 CAD 系统不仅具有交互式绘图功能，还具有自动绘图的功能。利用参数化设计手段开发的专用产品设计系统，可使设计人员从大量繁重而琐碎的绘图工作中解脱出来，可以大大提高设计速度，并减少信息的存储量。参数化设计是一种建模技术，应用于非耦合的几何图形绘制和简易方程式的顺序求解，为设计者提供尺寸驱动功能。参数化设计主要有以下特点：

① 基于特征　将某些具有代表性的平面几何形状定义为特征，并将其所有尺寸存为可调参数，进而形成实体，以此为基础来进行更为复杂的几何形体的构造。

② 全尺寸约束　将形状和尺寸联合起来考虑，通过尺寸约束来实现对几何形状的控制。建模时必须以完整的尺寸参数为出发点（全约束），不能漏注尺寸（欠约束），不能多注尺寸（过约束）。

③ 尺寸驱动设计修改　通过编辑尺寸数值来驱动改变几何形状。

④ 全数据相关　尺寸参数的修改导致其他相关模块中的相关尺寸得以全盘更新。

采用参数化设计的优点是，彻底克服了自由建模的无约束状态，几何形状均以尺寸的形式被控制。如需修改零件形状，直接编辑尺寸的数值即可实现形状的改变。尺寸驱动已经成为当今建模系统的基本功能。

在参数化设计中，各种工程关系如载荷、力、可靠性等关键设计参数，在参数化系统中不能作为约束条件直接与几何方程建立联系，常用的方法是建立参数之间的关系式，即通过参数关系方程建立设计参数与模型参数之间的关系，进而通过设计参数的改变驱动模型的“再生”。

5.1.3 参数化设计实例

U 形管换热器主要零部件参数化设计与虚拟装配实例模型见图 5-1。

U 形管换热器参数化设计流程见图 5-2。

(1) 总体设计方案

设计平台：Pro/E。

主要由 Pro/E 中的关系建模与族表建模来完成。

① 关系设计　主要根据强度设计参数建立尺寸和参数关系用户自定义方程，关系包括赋值、方程和条件分支语句。主要零部件包括：封头、管箱、分层隔板、筒体、管板、折流板、防冲板等。

② 族表设计　标准化和系列化的零件通过族表建立数据库。主要零部件包括：接管法兰、设备法兰、鞍座、螺栓和螺母、拉杆及定距管。

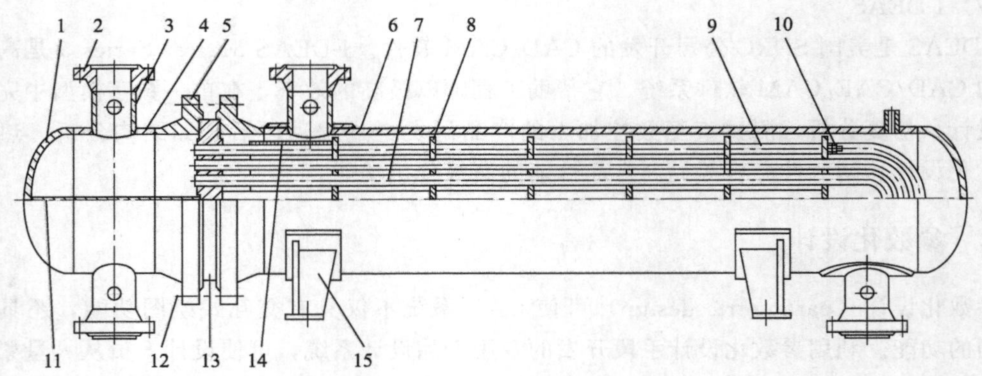

图 5-1　U 形管换热器

1—封头；2—接管法兰；3—接管；4—管箱；5—设备法兰；6—筒体；7—管束；8—折流板；9—定距管；10—拉杆；11—分层隔板；12—螺栓和螺母；13—管板；14—防冲板；15—鞍座

图 5-2　参数化设计流程

(2) 筒体参数化设计

① 筒体计算

$$\delta=\frac{P_c D_i}{2[\sigma]^t\phi-P_c} \tag{5-1}$$

式中　D_i——封头内直径，mm；

P_c——计算压力，MPa；

δ——封头计算厚度，mm；

$[\sigma]^t$——设计温度下封头材料的许用应力，MPa；

ϕ——焊接接头系数。

其中 $P_c=P_i=1.7\text{MPa}$，$D_i=800\text{mm}$，$[\sigma]^t=170\text{MPa}$，$\phi=0.85$，钢板负偏差 $C_1=0\text{mm}$；腐蚀裕量 $C_2=2\text{mm}$；带入式（5-1）得：

计算厚度：$\delta=4.73\text{mm}$。

设计厚度：$\delta_d=\delta+C_2=4.73+2=6.73(\text{mm})$。

名义厚度：$\delta_n=\delta_d+C_1=6.73\text{mm}$，经圆整，取常用钢板厚度 $\delta_n=8\text{mm}$。

有效厚度：$\delta_e=\delta_n-C_1-C_2=6\text{mm}$。

设计温度下圆筒的设计应力按下式计算：

$$\sigma=\frac{P_c(D_i+\delta_e)}{2\delta_e}$$

得 $\sigma=114.2\text{MPa}<[\sigma]^t\phi=144.5\text{MPa}$，满足强度要求，故名义厚度 $\delta_n=8\text{mm}$ 合适。

设计温度下圆筒的最大许用工作压力按式（5-2）计算：

$$[P_w]=\frac{2\delta_e[\sigma]^t\phi}{D_i+\delta_e} \tag{5-2}$$

经计算，$[P_w]=2.15\text{MPa}>P_w=1.7\text{MPa}$，满足压力要求，故名义厚度 $\delta_n=8\text{mm}$ 合适。

建立体实体模型：创建一个名为“Shell”的零件文件，使用单位为“mmns _ part _ solid”（毫米牛顿秒）的模板，使用“拉伸”命令进行筒体主体部分的创建，再次使用“拉伸（减材料）”创建出接管孔。模型如图 5-3。

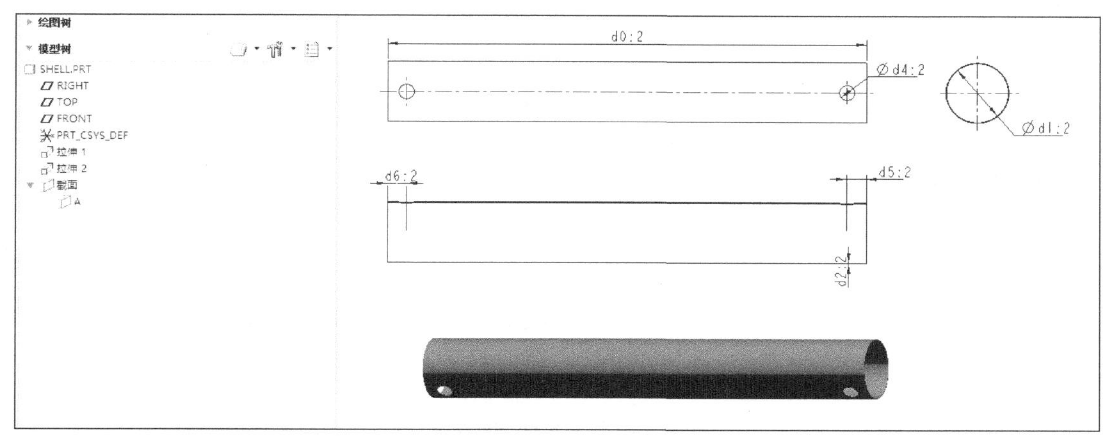

图 5-3　筒体模型

② 筒体设计参数（见表 5-1）

表 5-1　筒体设计参数

参数名称	参数类型	参数初始值	注释
DI	实数	800	筒体内径
PC	实数	1.7	设计压力
CC1	实数	0	钢板负偏差 C_1
CC2	实数	2	腐蚀裕量 C_2
σt	实数	170	材料的许用应力
Φ	实数	0.85	焊接接头系数
L	实数	6200	筒体长度
DD	实数	25	接管内径 d
DL	实数	250	接管中心距筒体端部距离

③ 筒体参数化关系

```
d0 = L                                /＊筒体长度内部与外部参数关系
d1 = DI                               /＊筒体直径内部与外部参数关系
d4 = DD                               /＊接管开孔直径内部与外部参数关系
d5 = DL                               /＊接管开孔位置内部与外部参数关系
d6 = d5
d2 = （PC＊DI）/（2＊σt＊Φ-PC）        /＊计算厚度
d2 = d2 + CC1 + CC2                   /＊名义厚度计算
if d2＜ = 3                           /＊名义厚度圆整表达式，如果名义厚度 d2＜ = 3，
d2 = 3                                则取厚度为 3mm
```

```
endif
if 3<d2&d2<=4                   /*如果名义厚度3<d2<=4，则取厚度为4mm
  d2=4
endif
if 4<d2&d2<=5                   /*如果名义厚度4<d2<=5，则取厚度为5mm
  d2=5
endif
if 5<d2&d2<=6                   /*如果名义厚度5<d2<=6，则取厚度为6mm
  d2=6
endif
if 6<d2&d2<=8                   /*如果名义厚度6<d2<=8，则取厚度为8mm
  d2=8
endif
if 8<d2&d2<=10                  /*如果名义厚度8<d2<=10，则取厚度为10mm
  d2=10
endif
if 10<d2&d2<=12                 /*如果名义厚度10<d2<=12，则取厚度为12mm
  d2=12
endif
if 12<d2&d2<=14                 /*如果名义厚度12<d2<=14，则取厚度为14mm
  d2=14
endif
if 14<d2&d2<=16                 /*如果名义厚度14<d2<=16，则取厚度为16mm
  d2=16
endif
if 16<d2&d2<=18                 /*如果名义厚度16<d2<=18，则取厚度为18mm
  d2=18
endif
if 18<d2&d2<=20                 /*如果名义厚度18<d2<=20，则取厚度为20mm
  d2=20
endif
if 20<d2&d2<=22                 /*如果名义厚度20<d2<=22，则取厚度为22mm
  d2=22
endif
if 22<d2&d2<=25                 /*如果名义厚度22<d2<=25，则取厚度为25mm
  d2=25                         /*本设计仅适用于名义厚度最大值为25mm
endif
```

(3) 封头参数化设计

标准椭圆形封头参数化设计模型见图5-4。

(4) 管箱短节参数化设计

管箱短节参数化设计模型见图5-5。

(5) 法兰建模

由于法兰属于标准件，对于标准件的参数化设计，一般使用族表方式。

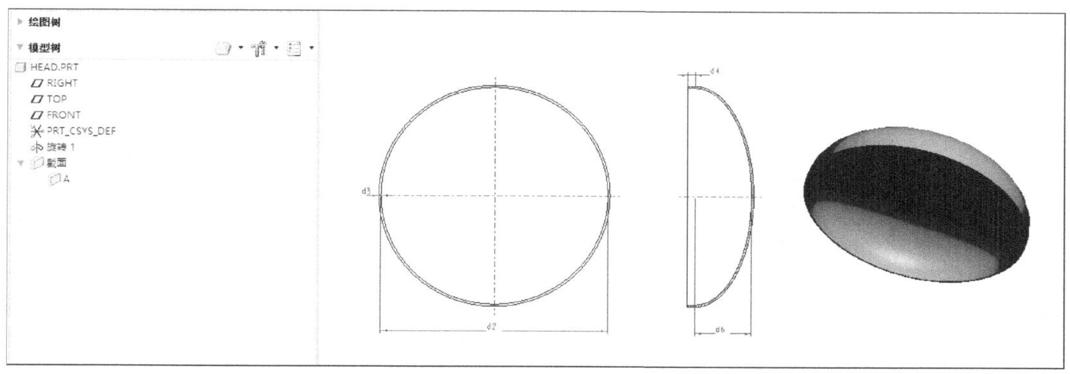

图 5-4　标准封头模型

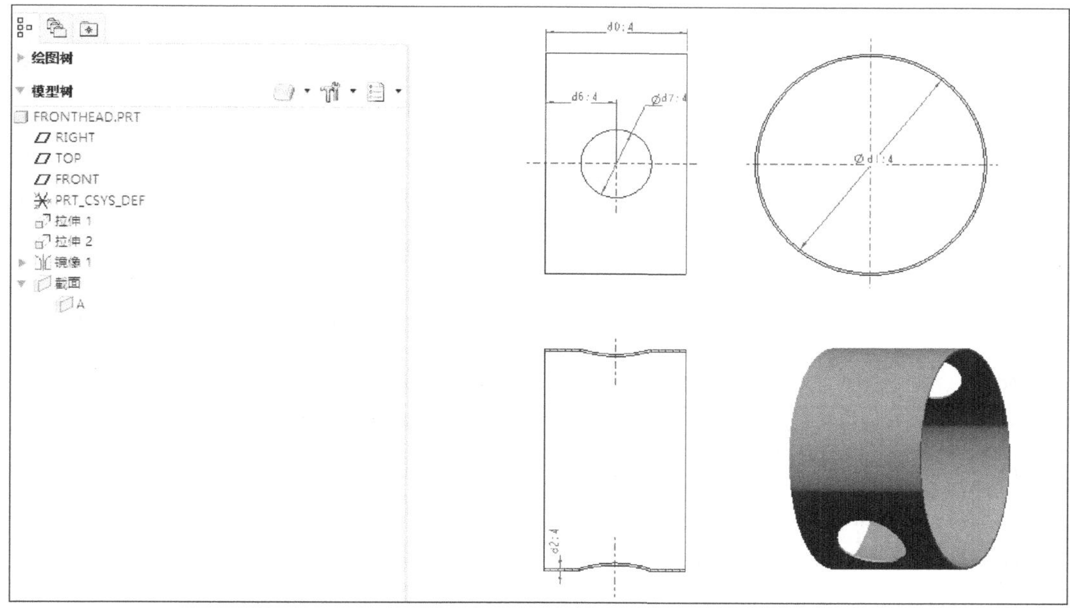

图 5-5　管箱短节参数化模型

① 标准法兰参数　容器法兰选用长颈对焊法兰，凹凸面密封。法兰结构见图 5-6。标准法兰参数见表 5-2。

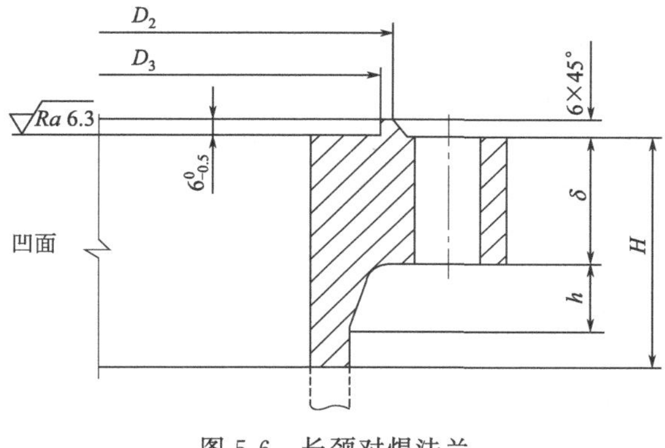

图 5-6　长颈对焊法兰

表 5-2　长颈对焊法兰参数表

公称直径	法兰参数/mm												螺栓数量
	DN	D	D_1	D_2	D_3	δ	H	h	δ_1	δ_2	R	d	
DN300	300	440	400	365	355	30	85	25	12	22	12	23	16
DN350	350	490	450	415	405	32	90	25	12	22	12	23	16
DN400	400	540	500	465	455	34	95	25	12	22	12	23	20
DN450	450	590	550	515	505	34	95	25	12	22	12	23	20
DN500	500	640	600	565	555	38	100	25	12	22	12	23	24
DN550	550	690	650	615	605	40	100	25	12	22	12	23	24
DN600	600	740	700	665	655	44	105	25	12	22	12	23	28
DN650	650	790	750	715	705	46	105	25	12	22	12	23	28
DN700	700	840	800	765	755	50	105	25	12	22	12	23	32
DN800	800	940	900	865	855	50	105	25	12	22	12	23	32
DN900	900	1040	1000	965	955	54	110	25	12	22	12	23	36
DN1000	1000	1140	1100	1065	1055	56	110	25	12	22	12	23	40
DN1100	1100	1260	1215	1176	1156	56	120	35	16	26	12	27	32
DN1200	1200	1360	1315	1276	1256	56	125	35	16	26	12	27	36
DN1300	1300	1460	1415	1376	1356	60	130	35	16	26	12	27	40
DN1400	1400	1560	1515	1476	1456	62	140	40	16	26	12	27	44
DN1500	1500	1660	1615	1576	1556	64	140	40	16	26	12	27	48
DN1600	1600	1760	1715	1676	1656	70	145	40	16	26	12	27	52
DN1700	1700	1870	1815	1776	1756	76	150	40	18	26	12	30	56
DN1800	1800	1970	1915	1876	1856	80	150	40	18	26	12	30	56
DN1900	1900	2095	2040	1998	1978	86	155	30	20	32	15	30	56
DN2000	2000	2195	2140	2098	2078	94	165	30	20	32	15	30	60

创建一个名为“Flange”的零件文件，使用单位为“mmns _ part _ solid”（毫米牛顿秒）的模板，使用“旋转”命令进行设备法兰主体的创建，然后使用“孔”命令创建螺栓孔，对创建的孔进行阵列（轴阵列），完成模型的创建，如图 5-7。

② 法兰设计参数（见表 5-3）

表 5-3　设备法兰设计参数

参数名称	参数类型	参数初始值	注释
DN	实数	800	法兰内径
D	实数	940	法兰外径
DD1	实数	900	凸面外边缘直径 D_1
DD2	实数	865	凸面外边缘直径 D_2

续表

参数名称	参数类型	参数初始值	注释
DD3	实数	855	凸面内边缘直径 D_3
δ	实数	50	法兰盘厚度
HH	实数	105	法兰高度 H
H	实数	25	法兰斜边高度 h
δ1	实数	12	法兰颈部厚度
δ2	实数	22	法兰底部厚度
R	实数	12	法兰斜边倒角半径
DD	实数	23	法兰螺栓孔径 d
S	实数	32	螺栓孔数量

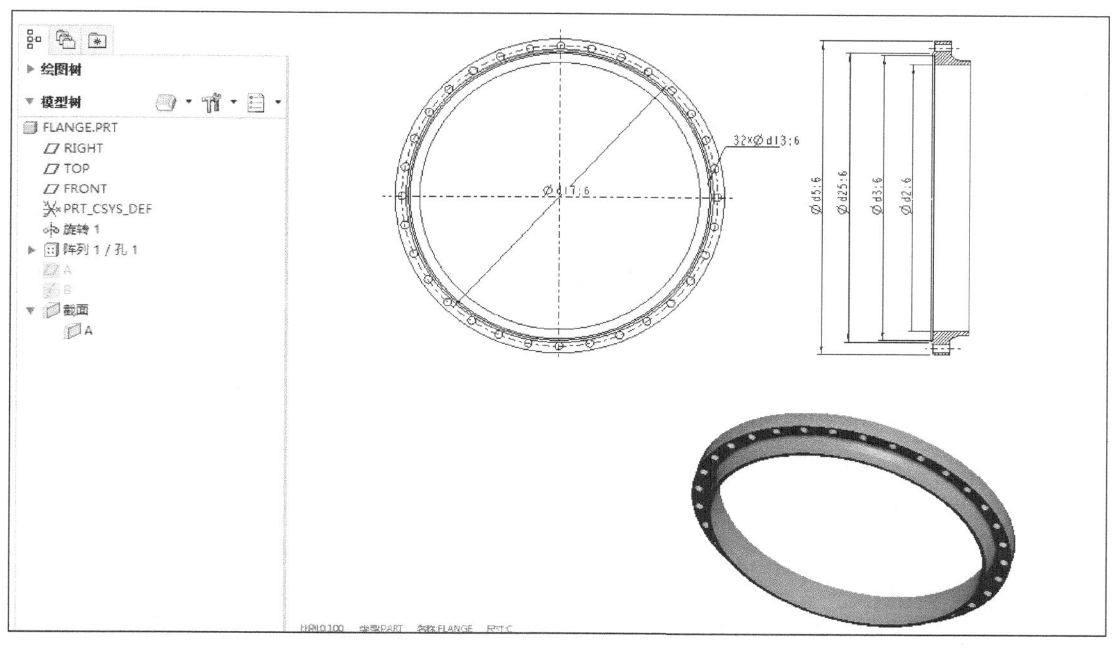

图 5-7　标准法兰模型

③ 法兰参数化关系

```
d13 = DD          /* 法兰螺栓孔径 DD 赋值给 d13
d17 = DD1/2       /* 凸面外边缘半径
d19 = 360/S       /* 阵列角度
p22 = S           /* 阵列个数
d8 = HH           /* 法兰高度 HH 赋值给 d8
d7 = δ            /* 法兰盘厚度 δ 赋值给 d7
d12 = H           /* 法兰斜边高度 H 赋值给 d12
d10 = δ2          /* 法兰底部厚度 δ2 赋值给 d10
d6 = δ1           /* 法兰颈部厚度 δ1 赋值给 d6
d11 = R           /* 法兰斜边倒角半径 R 赋值给 d11
```

```
d3 = DD3              /* 凸面内边缘直径 DD3 赋值给 d3
d2 = DN               /* 法兰内径 DN 赋值给 d2
d5 = D                /* 法兰外径 D 赋值给 d5
d25 = DD2             /* 凸面外边缘直径 DD2 赋值给 d25
```

④ 法兰族表（Creo 族表与 Excel 的继承） 由于法兰属于标准件，对于标准件的参数化设计，一般使用族表的建模方式。在族表中选“文件”—“用 Excel 编辑”就可以使用 Excel 软件对族表进行编辑，其编辑在 Excel 中或是族表中均可以进行同步。在 Excel 中的编辑表格见表 5-4。

表 5-4 设备法兰族表

Pro/E Family Table														
FLANGE														
INST NAME	COMMON NAME	DN	D	DD1	DD3	δ	HH	H	δ1	δ2	R	DD	S	DD2
! GENERIC	flange. prt	800	940	900	855	50	105	25	12	22	12	23	32	865
*DN*300	flange. prt_INST	300	440	400	355	30	85	25	12	22	12	23	16	365
*DN*350	flange. prt_INST	350	490	450	405	32	90	25	12	22	12	23	16	415
*DN*400	flange. prt_INST	400	540	500	455	34	95	25	12	22	12	23	20	465
*DN*450	flange. prt_INST	450	590	550	505	34	95	25	12	22	12	23	20	515
*DN*500	flange. prt_INST	500	640	600	555	38	100	25	12	22	12	23	24	565
*DN*550	flange. prt_INST	550	690	650	605	40	100	25	12	22	12	23	24	615
*DN*600	flange. prt_INST	600	740	700	655	44	105	25	12	22	12	23	28	665
*DN*650	flange. prt_INST	650	790	750	705	46	105	25	12	22	12	23	28	715
*DN*700	flange. prt_INST	700	840	800	755	50	105	25	12	22	12	23	32	765
*DN*800	flange. prt_INST	800	940	900	855	50	105	25	12	22	12	23	32	865
*DN*900	flange. prt_INST	900	1040	1000	955	54	110	25	12	22	12	23	36	965
*DN*1000	flange. prt_INST	1000	1140	1100	1055	56	110	25	12	22	12	23	40	1065
*DN*1100	flange. prt_INST	1100	1260	1215	1156	56	120	35	16	26	12	27	32	1176
*DN*1200	flange. prt_INST	1200	1360	1315	1256	56	125	35	16	26	12	27	36	1276
*DN*1300	flange. prt_INST	1300	1460	1415	1356	60	130	35	16	26	12	27	40	1376
*DN*1400	flange. prt_INST	1400	1560	1515	1456	62	140	40	16	26	12	27	44	1476
*DN*1500	flange. prt_INST	1500	1660	1615	1556	64	140	40	16	26	12	27	48	1576
*DN*1600	flange. prt_INST	1600	1760	1715	1656	70	145	40	16	26	12	27	52	1676
*DN*1700	flange. prt_INST	1700	1870	1815	1756	76	150	40	18	26	12	30	56	1776
*DN*1800	flange. prt_INST	1800	1970	1915	1856	80	150	40	18	26	12	30	56	1876
*DN*1900	flange. prt_INST	1900	2095	2040	1978	86	155	30	20	32	15	30	56	1998
*DN*2000	flange. prt_INST	2000	2195	2140	2078	94	165	30	20	32	15	30	60	2098

(6) 接管参数化设计

接管法兰族表与设备法兰族表类似，模型见图 5-8，族表见表 5-5。

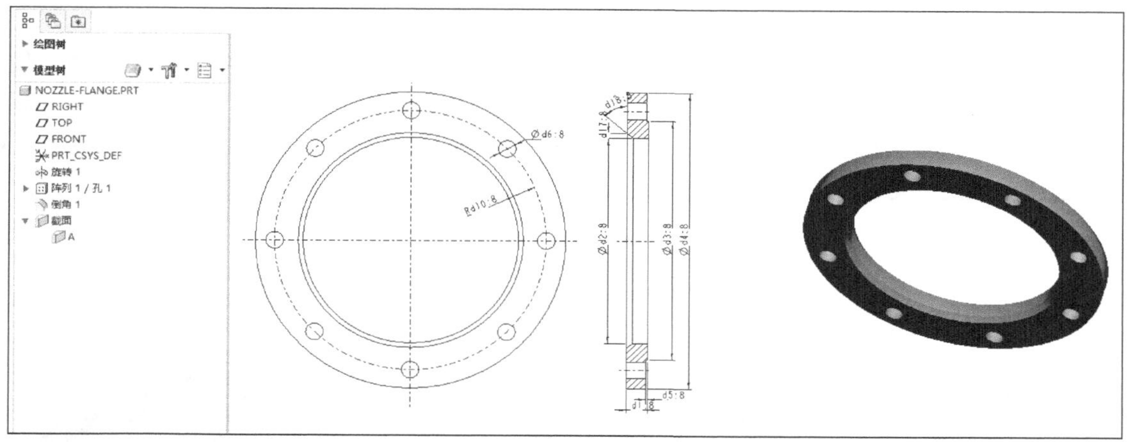

图 5-8　设备法兰

表 5-5　接管法兰族表

Pro/E Family Table									
NOZZLE-FLANGE									
INST NAME	COMMON NAME	D	K	B1	N	L	C	DD	F1
! GENERIC	nozzle-flange. prt	320	280	222	8	18	22	258	2
*DN*200	nozzle-flange. prt_INST	320	280	222	8	18	22	258	2
*DN*250	nozzle-flange. prt_INST1	375	335	276	12	18	24	312	2

(7) 管束参数化设计

创建一个名为“Bundleoftube”的零件文件，使用单位为“mmns _ part _ solid”（毫米牛顿秒）的模板，使用“草绘”命令绘制单个换热管截面，对绘制完成的单个草绘进行填充阵列，阵列间距为 25mm，得到换热管束位于分层隔板槽上半部分的横截面草绘，对刚刚阵列完成的横截面进行扫描，生成管束，见图 5-9。

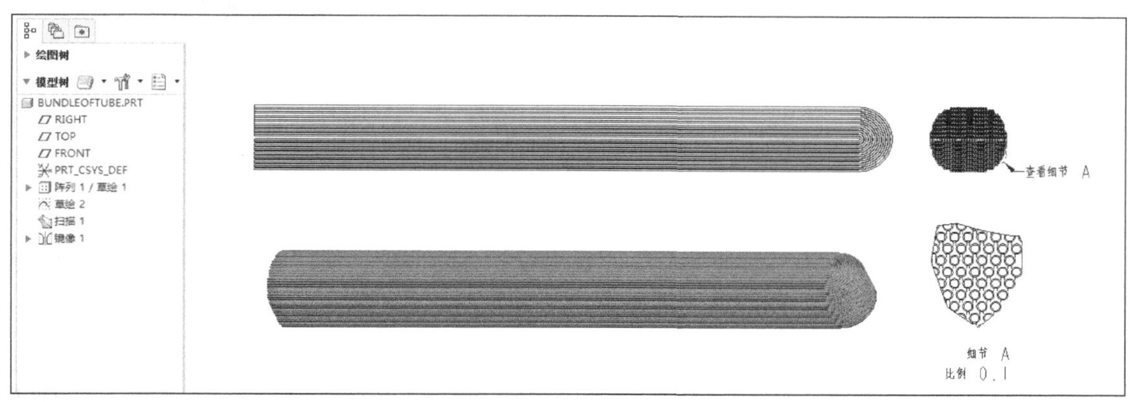

图 5-9　管束

(8) 管板参数化设计

使用“拉伸”命令创建出管板主体部分，使用“拉伸（减材料）”命令创建垫片槽，使用“孔”命令创建螺栓孔，对单个换热管孔进行阵列，并预留出拉杆孔位置，使用“拉伸（减材料）”命令创建分层隔板槽，使用“孔”命令创建拉杆孔，完成模型及模型树，见图 5-10。

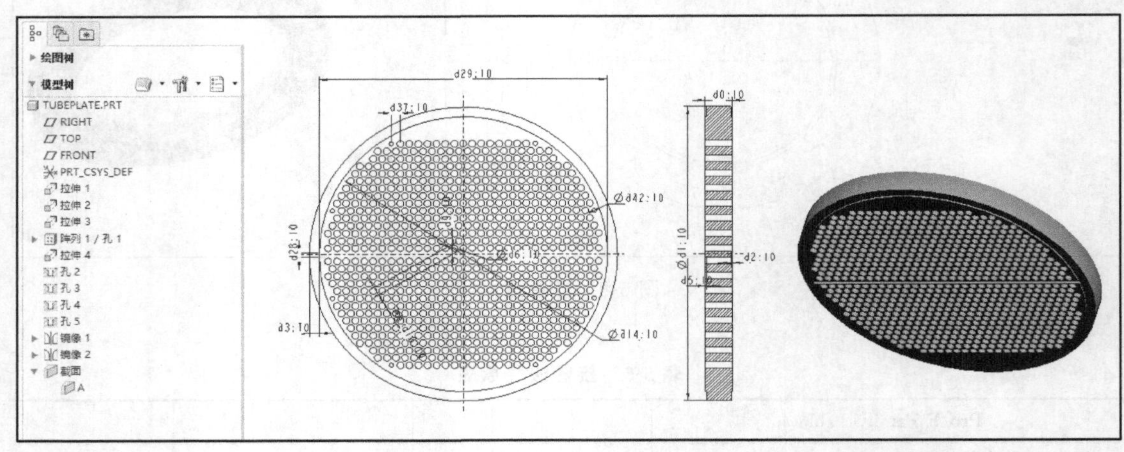

图 5-10　管板

(9) 折流板参数化设计

单弓形折流板：采用“拉伸”命令创建出管板毛坯，用“孔”及“阵列”命令创建管孔及拉杆孔，见图 5-11。

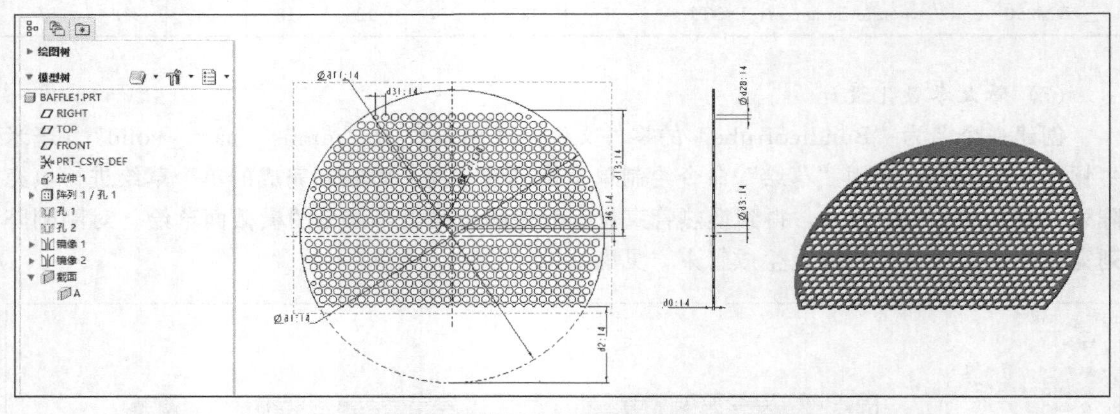

图 5-11　单弓形折流板

(10) 拉杆与定距管参数化设计

拉杆与定距管结构：用“拉伸”命令创建出拉杆主体部分，使用“螺旋扫描”命令创建螺纹，见图 5-12。拉伸圆环截面创建定距管，见图 5-13。

(11) 鞍座参数化设计

鞍座分为固定式（代号 F）和滑动式（代号 S）两种安装形式，具体可见 NB/T 47065.1。使用“拉伸”“筋”及“孔”命令创建鞍座，见图 5-14。

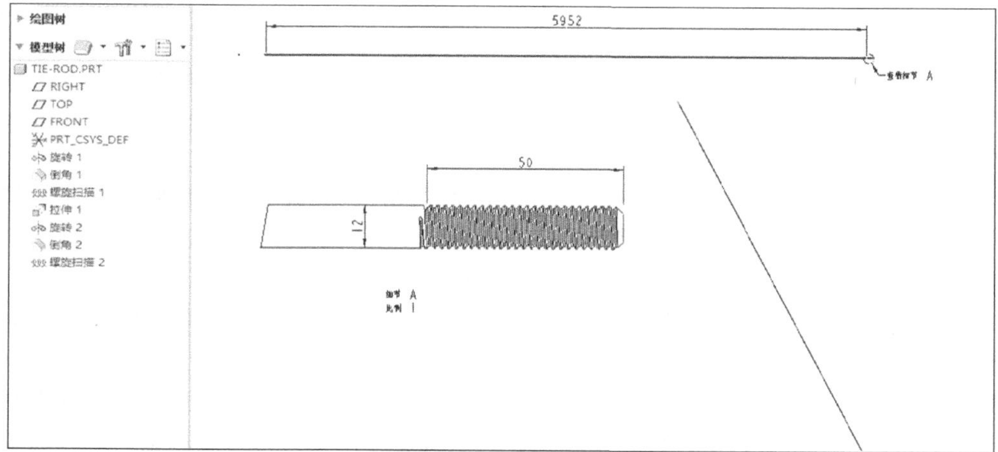

图 5-12　拉杆

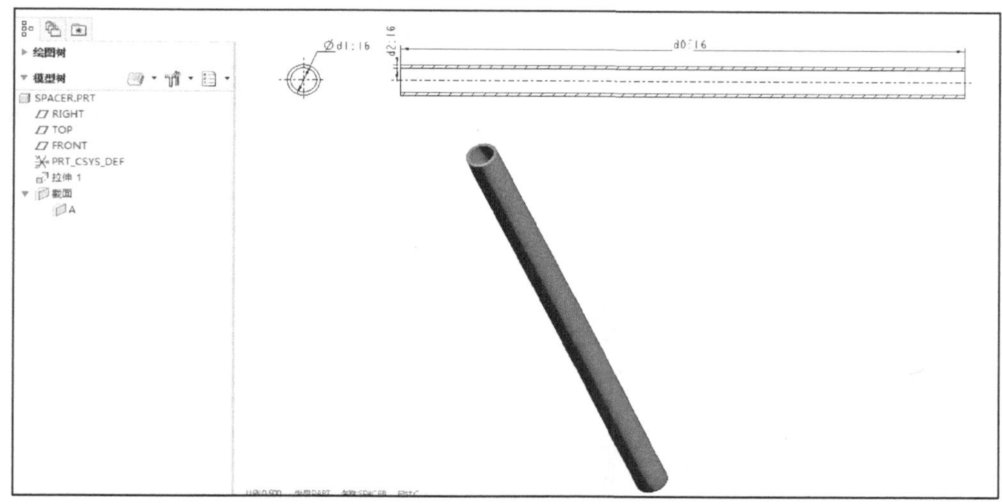

图 5-13　定距管

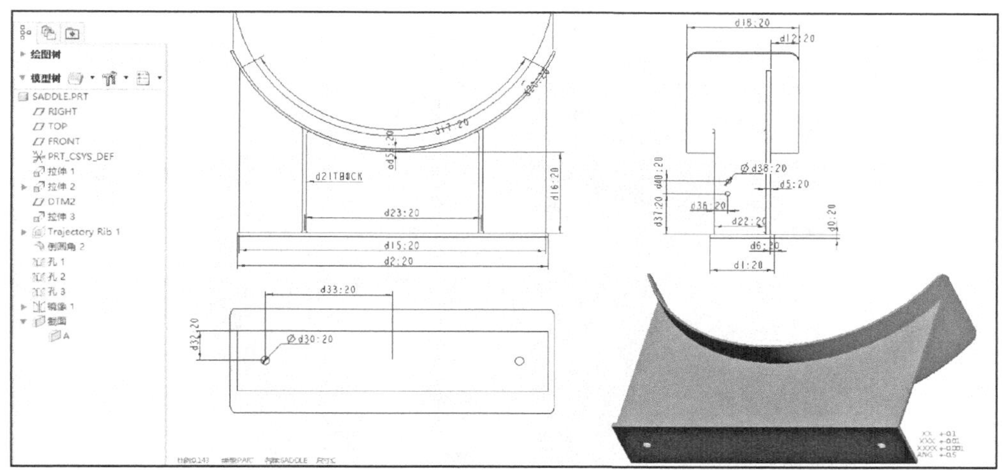

图 5-14　鞍座

(12) 虚拟装配

Pro/E 的组件(Assembly)模块以元件为单位,主要用于创建 3D 装配体模型,将已有的元件组合成一个装配体或在装配体中创建新元件,可以实现自底向上设计和自顶向下设计,实际装配过程中可以混合使用。

在单一数据库(全相关)支持下,装配体中对零部件的修改都可以反映到对应的零部件模型中,反之,对元件(零部件)模型的修改亦可同步反映到装配体中,组件模型是基于单一数据库的参数化实体装配设计系统。装配文件扩展名为 *.asm。

① 装配空间　完全自由的三维空间模型具有 6 个自由度,对于笛卡儿坐标系(即直角坐标系)而言,其自由度为沿坐标轴的 3 个移动自由度和绕坐标轴旋转的 3 个旋转自由度。要实现元件的装配,就必须根据装配体中各个元件的相互位置关系,通过约束(或限制)元件的自由度和空间位置将各个元件装配起来。约束就是限制模型自由度和空间位置的其他模型要素(如点、边、轴线、面等)。

② U 形管换热器的装配顺序(见图 5-15~图 5-22)

管程装配:管箱→封头→分层隔板→设备法兰→管程接管→管程接管法兰。

整体的装配:管束→管板→设备法兰→筒体→壳程接管→防冲板(根据壳程接管位置约束)→折流板(根据防冲板位置约束)→后封头→拉杆→定距管→拉杆用螺母→管箱部分装配体→设备法兰用螺栓和螺母。

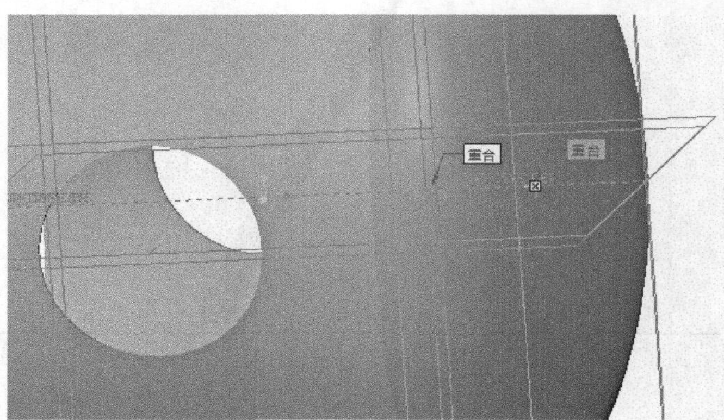

图 5-15　封头与管箱焊接

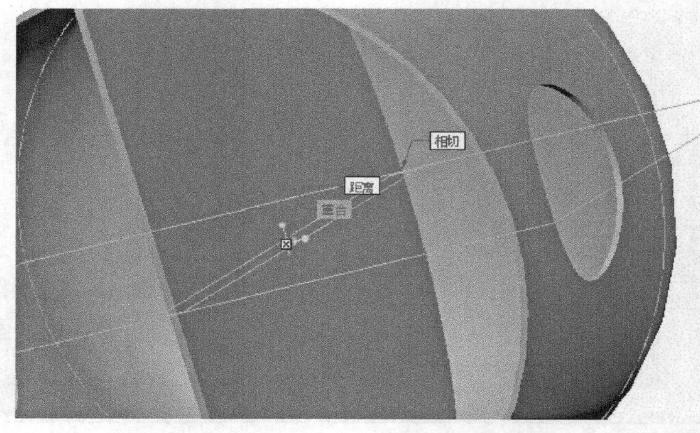

图 5-16　分层隔板装配

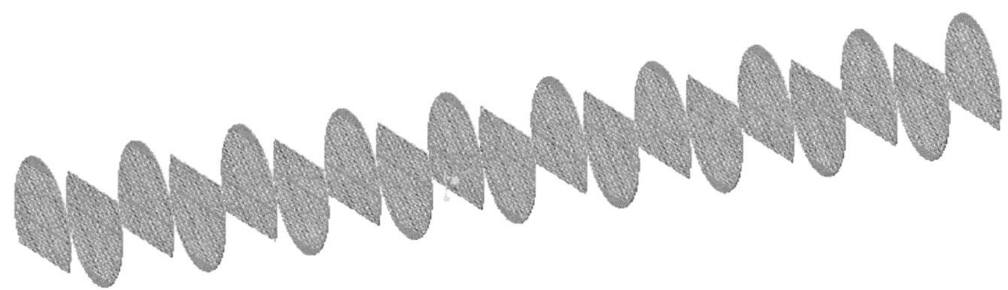

图 5-17　折流板阵列

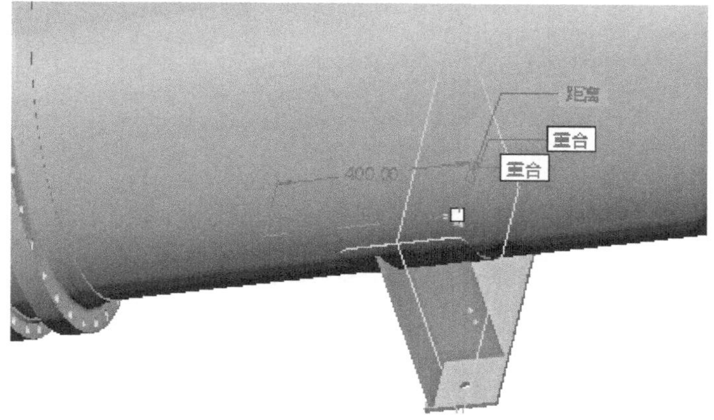

图 5-18　鞍座与壳体装配

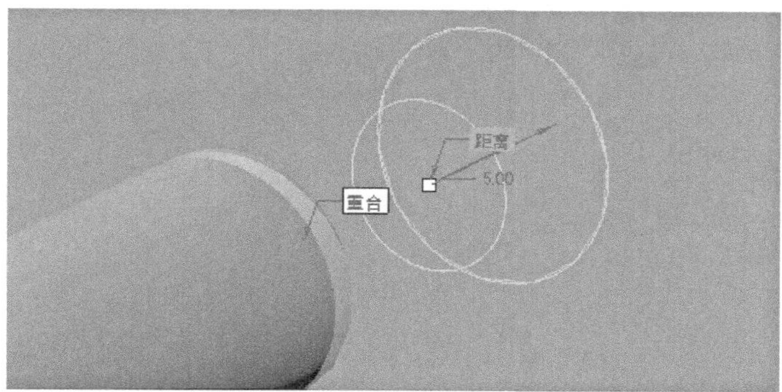

图 5-19　拉杆装配

图 5-20　定距管装配

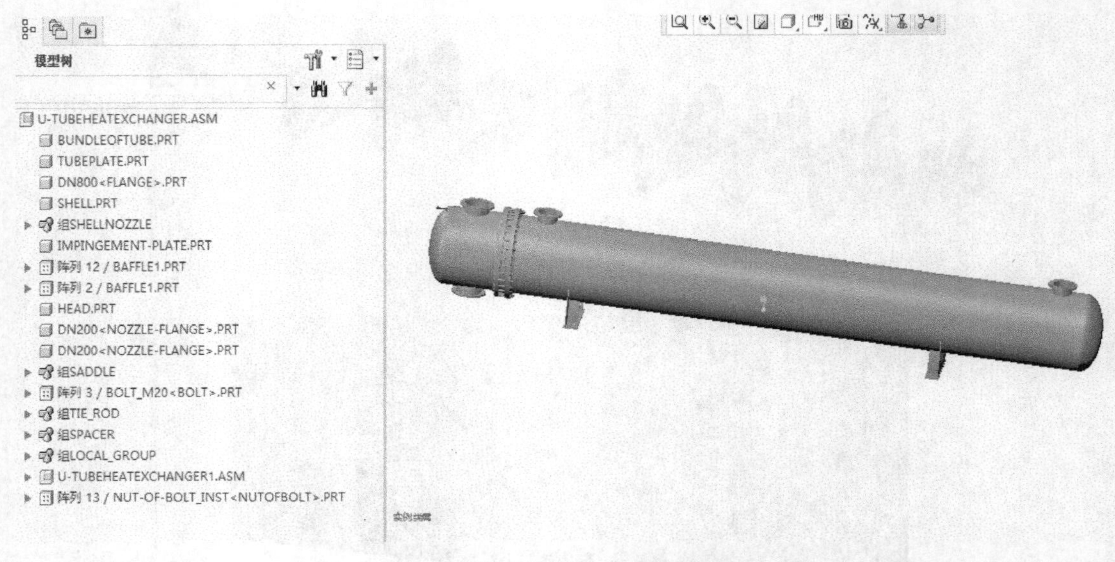

图 5-21　U 形管换热器装配模型

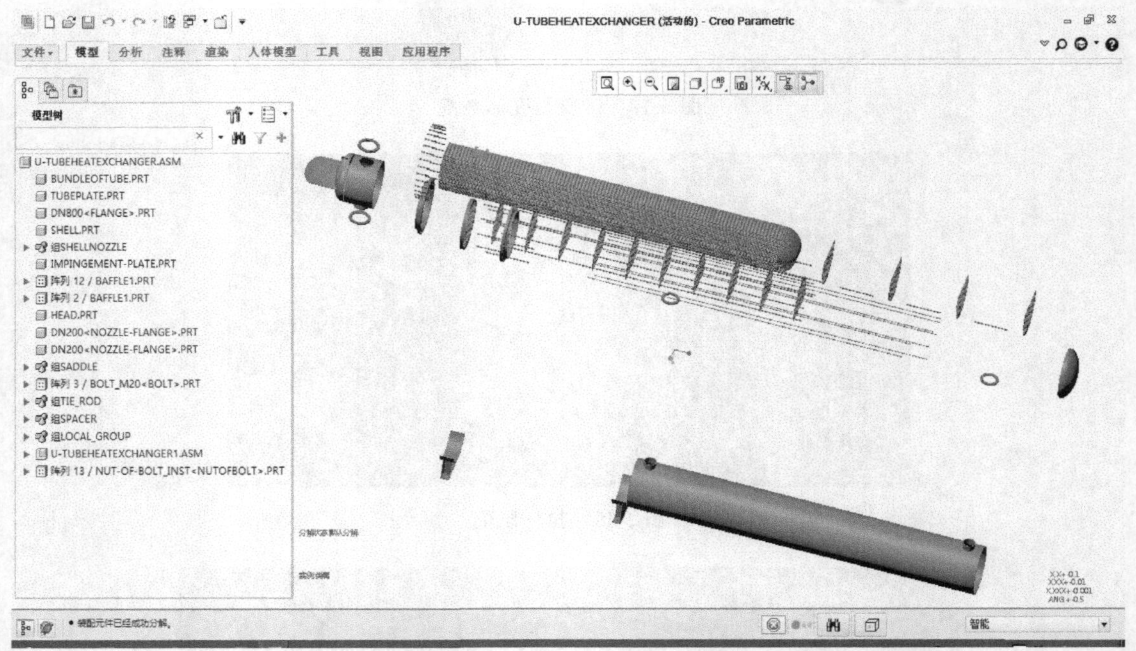

图 5-22　U 形管换热器爆炸图

（13）工程图

工程图是表达和交流技术的重要工具，它按规定的方法表达设备的形状、大小、材料和技术要求。以设备法兰为例通过三维实体模型创建工程图。

在“新建”—“模板”中进行图纸表格、边框的创建，将设备法兰的三维模型以投影视图的方式创建设备法兰的剖面图，导出格式为 DWG。设备法兰工程图如图 5-23。

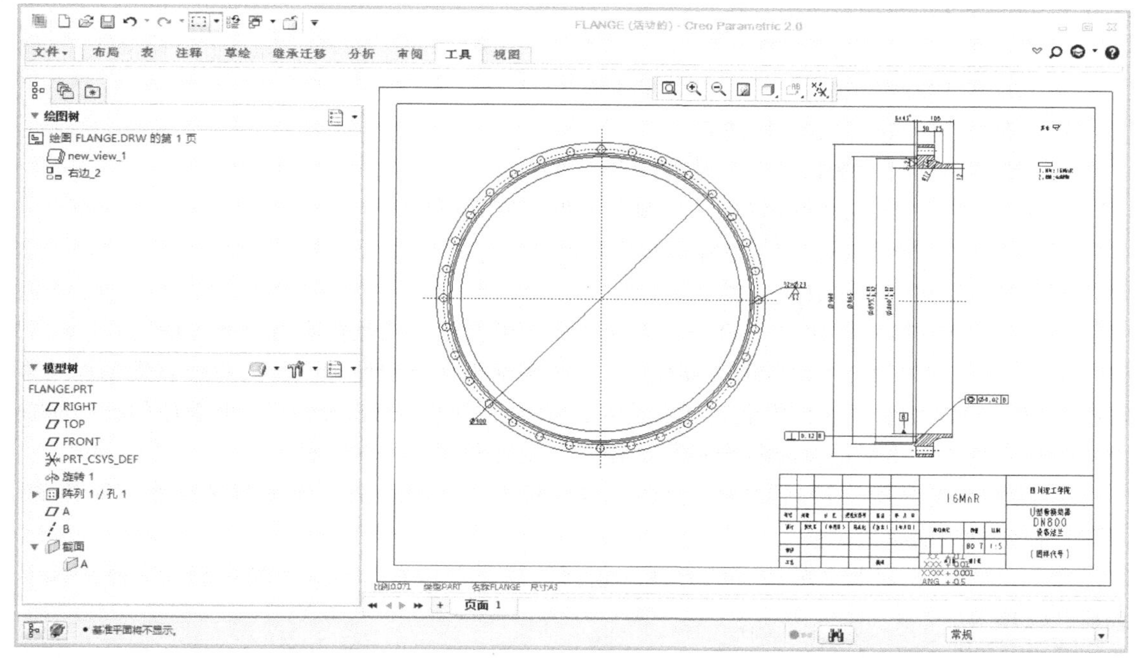

图 5-23　设备法兰工程图

5.2　过程设备专用设计软件

压力容器设计时，不但要按照相关标准和要求进行结构设计和强度、刚度等方面的计算，以满足可靠、安全的要求，而且还要对压力容器的结构尺寸、材料等进行优化，以满足压力容器设计的合理性和经济性。可以说，压力容器设计是一项极为烦琐的工作，占用大量的人力、物力及时间。因此，开发压力容器专用设计软件，对提高压力容器设计工作效率和设计质量是非常有意义的。

几十年来，国内外许多公司和机构进行了压力容器软件的开发，目前已开发出许多压力容器专用设计软件，如 SW6-2011 过程设备强度计算软件包、PV Elite 压力容器整体及零部件分析设计软件、NozzlePRO 管嘴有限元分析软件、LANSYS 压力容器强度设计软件、TANK 储罐设计软件、CAESAR Ⅱ 管道应力分析软件、MT-EXCH 管壳式换热器分析设计软件、FE/Pipe 有限元方法压力容器及管道应力分析软件等。

5.2.1　SW6 工程应用

（1）软件介绍

SW6 是全国化工设备设计技术中心站依据 GB 150、GB 151、化工设备设计计算标准等开发的过程设备强度计算软件包，早期版本为 SW6-1998。随着标准的更新与正式实施，SW6 不断升级更新版本。SW6-2011 主要是根据以下标准所提供的数学模型和计算方法进行编制：

- GB/T 150—2011《压力容器》;
- GB/T 151—2014《热交换器》;
- GB/T 12337—2014《钢制球形储罐》;
- NB/T 47041—2014《塔式容器》;
- NB/T 47042—2014《卧式容器》;
- HG/T 20582—2020《钢制化工容器强度计算规范》;
- GB/T 16749—2018《压力容器波形膨胀节》;
- NB/T 47065—2018《容器支座》;
- CSCBPV-TD001-2013《内压与支管外载作用下圆柱壳开孔应力分析方法》。

SW6-2011 共有 11 个设备级计算程序、1 个零部件计算程序和 1 个用户材料数据库管理程序，如图 5-24 所示。软件安装完毕后会在开始菜单中形成对应于这 13 个程序的一组快捷方式图标，用户点击对应图标就能运行该程序。主要功能介绍如下。

① U 形管换热器　包括筒体、管板、前端管箱、后端封头、前端管箱法半、筒体法、开孔补强、分程隔板等。

② 非对称双鞍座及多鞍座卧式容器　包括筒体、左（右）封头、均布载荷和集中质量载荷、鞍座等。

③ 非圆形容器　包括非圆形截面壳体、非圆形平盖、非圆形法兰的设计和校核，其中非圆形截面壳体包括无加强及有加强的对称矩形、非对称矩形、圆角矩形、长圆形、椭圆形、单撑和双撑加强矩形及单撑加强长圆形容器等十二种结构。

④ 浮头式换热器　包括筒体、管板、浮头、前（后）端管箱、筒体法兰、前（后）端管箱法兰、接管开孔补强、分程隔板等。

⑤ 高压设备　包括筒体（单层或多层）、上封头、下封头和开孔补强等。上、下封头的计算包括球形封头、锻制紧缩口、焊接平盖和螺栓连接平盖的计算，在螺栓连接平盖计算中

图 5-24　SW6-2011 子程序截面

还包括高压密封结构的计算。

⑥ 固定管板换热器　包括筒体、管板、前（后）端管箱、管箱法兰、筒体法兰、接管开孔补强、膨胀节、分程隔板等。

⑦ 立式容器　包括筒体、上（下）封头、夹套筒体、夹套封头、开孔补强、设备法兰、搅拌轴、支座等。

⑧ 零部件　包括焊接环形垫片密封法兰、卡箍连接件、弯制弯管（斜接弯管）、带法兰凸形封头、凸缘法兰、卡箍、带加强筋的圆形平盖、拉撑管板、绕性管板、超压汇放装置、透镜垫密封高压螺纹法兰等。

⑨ 球形储罐　包括球壳板、支柱、地脚螺栓、拉杆、销、支柱底板、耳板及翼板等。

⑩ 塔设备　包括板式塔、填料塔、塔板与填料混合内件的等截面或变截面塔以及基础环板固定在框架结构上的塔等。

⑪ 填函式换热器　包括筒体、管板、前（后）端管箱、前（后）端管箱法兰、壳程筒体法兰、接管开孔补强、分程隔板等。

⑫ 卧式容器　包括筒体、左（右）封头、设备法兰、鞍座、接管开孔补强等。

⑬ 用户材料数据库　为满足用户选用 GB/T 150.2—2011 中没有列入的某些材料的需求，特提供了由用户自己建立数据库的方法，该库称为用户自定义材料数据库，可由用户在进行强度计算前或在设备计算过程中进行输入或修改。

主要操作包括：子程序选择、数据输入、计算（如果不合格，调整尺寸参数、材料、载荷等）、形成计算等。

(2) 应用举例

以有集中载荷的鞍座卧式容器强度校核为例，具体步骤如下。

步骤 1：打开非对称双鞍座及多鞍座卧式容器子程序，如图 5-25 所示。

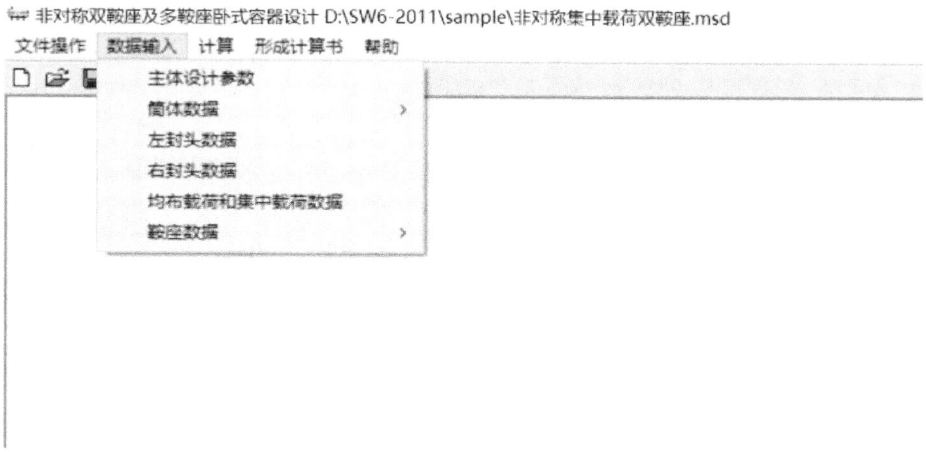

图 5-25　非对称双鞍座及多鞍座卧式容器设计子程序截面

步骤 2：输入主体设计参数，如图 5-26 所示，按设计所需选择压力腔个数、重量载荷、设防地震烈度、设计压力、水压试验压力、设计温度、充装系数等。

步骤 3：输入筒体结构尺寸、材料参数等，如图 5-27 所示。

步骤 4：输入左封头结构尺寸与材料，如图 5-28 所示，右封头参数输入与左封头输入类似。

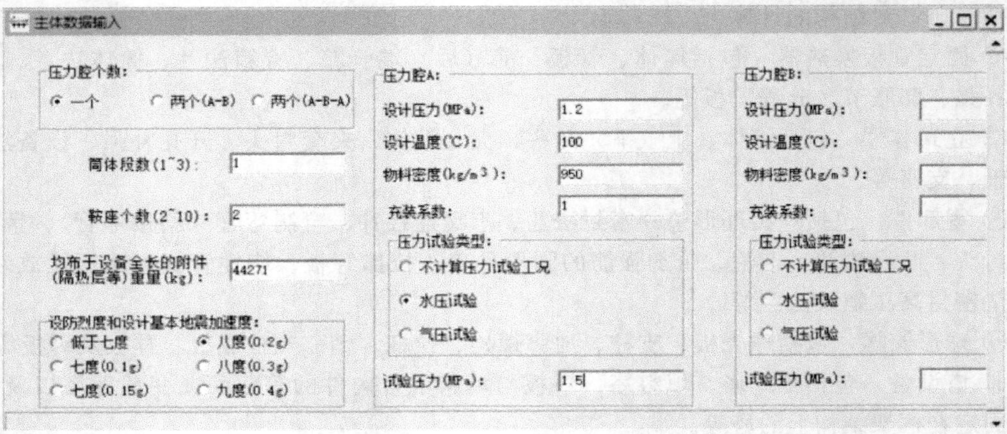

图 5-26　主体数据输入

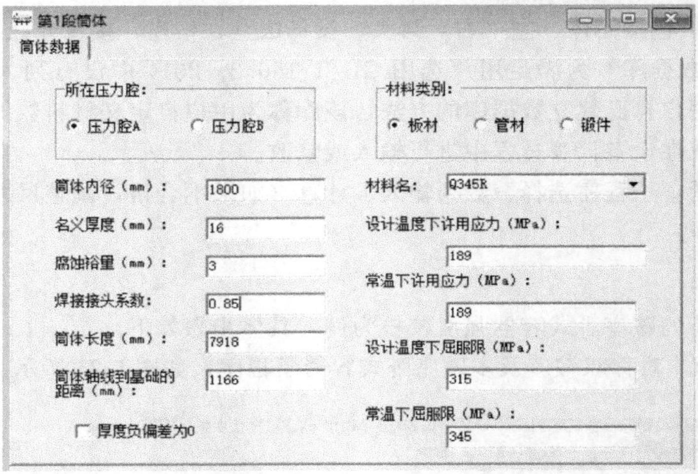

图 5-27　筒体参数输入

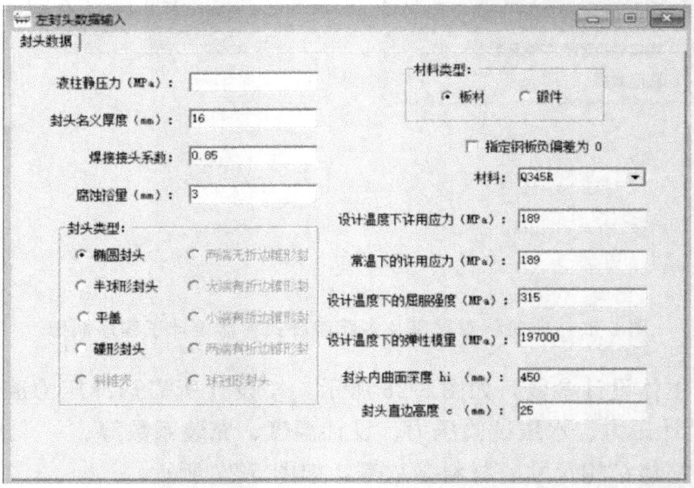

图 5-28　封头参数输入

步骤 5：输入均布载荷与集中载荷，如图 5-29 所示。

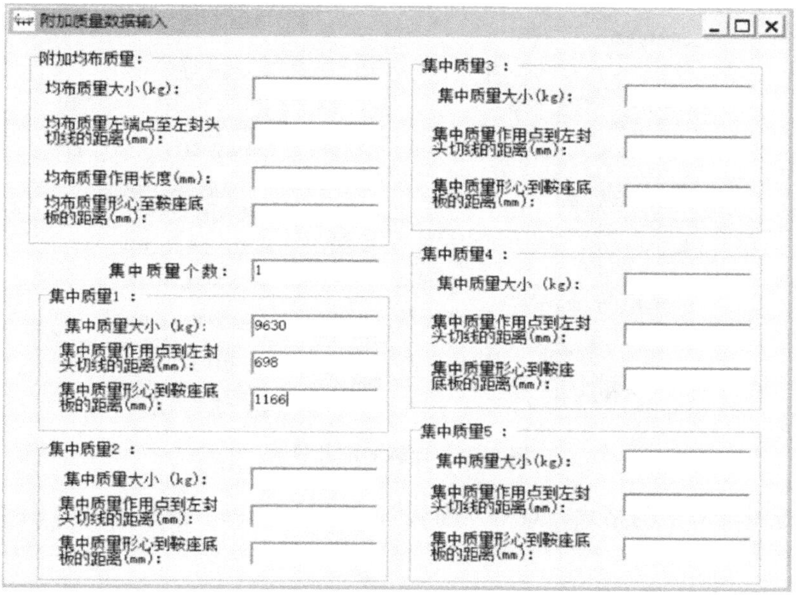

图 5-29　均布载荷与集中载荷输入

步骤 6：输入鞍座 1 数据，如图 5-30 所示，无加强圈。鞍座 2 数据输入与此类似。

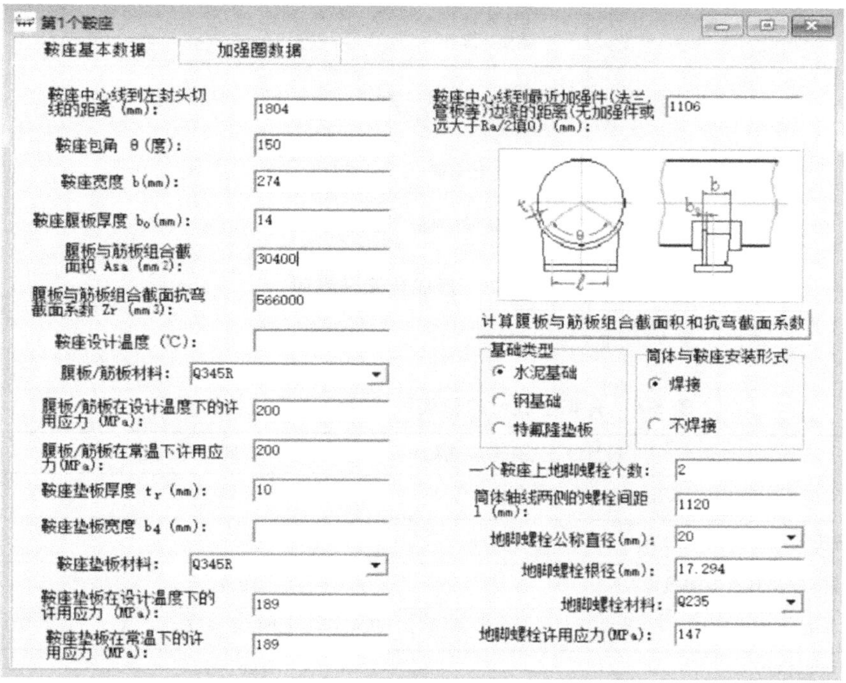

图 5-30　鞍座数据输入

步骤 7：选择计算的部件，点击确定，如图 5-31 所示。若有不合格提示，修改相关输入参数；如无不合格提示，进行步骤 8。

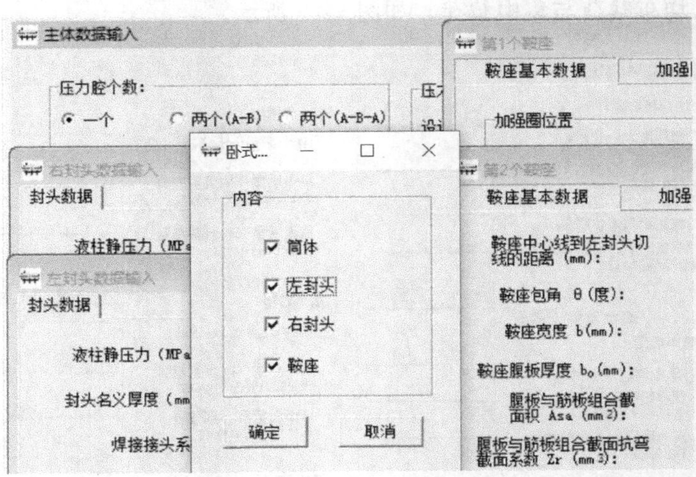

图 5-31　计算的部件界面

步骤 8：选择计算书的格式，点击“确认”，形成计算书，操作如图 5-32 所示，计算书部分内容见表 5-6。

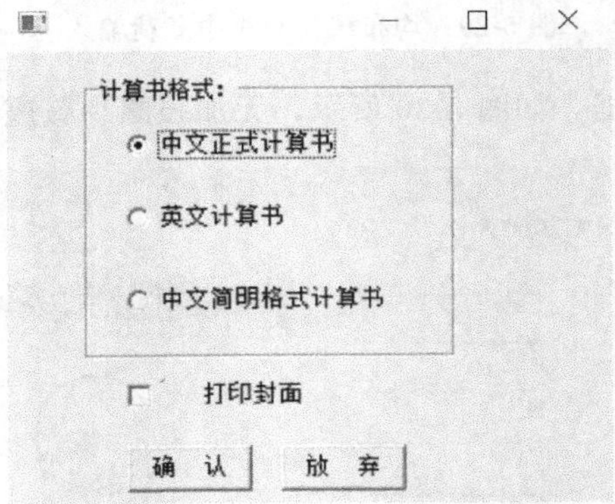

图 5-32　形成计算书界面

表 5-6　有集中载荷的鞍座卧式容器强度校核计算书

设计工况(有地震载荷)下鞍座一的计算结果			
鞍座对应压力腔的计算压力 p_c		1.20	MPa
鞍座处圆筒中面半径 R_a		908	mm
鞍座处圆筒有效厚度 δ_e		12.7	mm
鞍座处圆筒材料		Q345R 板材	
圆筒计算温度下许用应力	$[\sigma]^t$	189.00	MPa
圆筒计算温度下许用压缩应力	$[\sigma]^t_{ac}=\min\{[\sigma]^t,B\}$	137.00	MPa
鞍座垫板设置情况		无垫板	
鞍座处圆筒加强圈设置情况		无加强圈	

续表

<table>
<tr><td colspan="7">设计工况(有地震载荷)下鞍座一的计算结果</td></tr>
<tr><td colspan="3">鞍座反力 F</td><td colspan="3">421261</td><td>N</td></tr>
<tr><td colspan="3">鞍座处的剪力 T</td><td colspan="3">266869</td><td>N</td></tr>
<tr><td colspan="3">本鞍座与右侧鞍座间最大弯矩 M_1</td><td colspan="3">−123974344</td><td>N·mm</td></tr>
<tr><td colspan="3">鞍座处弯矩 M_2</td><td colspan="3">−269419744</td><td>N·mm</td></tr>
<tr><td colspan="3">鞍座腹板的水平分力 F_s</td><td colspan="3">109263</td><td>N</td></tr>
<tr><td colspan="3">本工况下的设备总质量 m</td><td colspan="3">81195</td><td>kg</td></tr>
<tr><td rowspan="8">圆筒轴向应力</td><td colspan="3">应力项</td><td>最大值</td><td>最小值</td><td></td></tr>
<tr><td colspan="2">本鞍座与右侧鞍座间最大弯矩处,圆筒最高点</td><td>$\sigma_1=\frac{p_cR_a}{2\delta_e}-\frac{M_1}{\pi R_a^2\delta_e}$</td><td>46.67</td><td>3.77</td><td>MPa</td></tr>
<tr><td colspan="2">本鞍座与右侧鞍座间最大弯矩处,圆筒最低点</td><td>$\sigma_2=\frac{p_cR_a}{2\delta_e}+\frac{M_1}{\pi R_a^2\delta_e}$</td><td>39.13</td><td>−3.77</td><td>MPa</td></tr>
<tr><td colspan="2">鞍座处,圆筒最高点</td><td>$\sigma_3=\frac{p_cR_a}{2\delta_e}-\frac{M_2}{K_1\pi R_a^2\delta_e}$</td><td>93.90</td><td>51.00</td><td>MPa</td></tr>
<tr><td colspan="2">鞍座处,圆筒最低点</td><td>$\sigma_4=\frac{p_cR_a}{2\delta_e}+\frac{M_2}{K_2\pi R_a^2\delta_e}$</td><td>13.55</td><td>−29.35</td><td>MPa</td></tr>
<tr><td colspan="2">轴向应力的计算值</td><td>拉应力 $\max\{\sigma_1,\sigma_2,\sigma_3,\sigma_4\}$;
压应力 $\lvert\min\{\sigma_1,\sigma_2,\sigma_3,\sigma_4\}\rvert$</td><td>93.90</td><td>29.35</td><td>MPa</td></tr>
<tr><td colspan="2">轴向应力的许用值</td><td>拉应力 $\phi[\sigma]^t$ 或 $0.9\phi R_{eL}(R_{p0.2})$
或 $\phi K_0[\sigma]^t$;压应力$[\sigma]_{ac}^t$</td><td>192.78</td><td>137.00</td><td>MPa</td></tr>
<tr><td colspan="3">圆筒轴向应力校核</td><td>合格</td><td>合格</td><td></td></tr>
<tr><td rowspan="7">切向剪应力</td><td colspan="3">应力项</td><td>计算值</td><td>许用值</td><td></td></tr>
<tr><td rowspan="2">圆筒剪应力</td><td>圆筒未被加强(鞍座中心到最近加强件的距离>$R_a/2$)</td><td>$\tau=\frac{K_3T}{R_a\delta_e}$</td><td rowspan="2">18.49</td><td rowspan="2">181.44</td><td rowspan="2">MPa</td></tr>
<tr><td>圆筒被加强(鞍座中心到最近加强件的距离≤$R_a/2$)</td><td>$\tau=\frac{K_3F}{R_a\delta_e}$</td></tr>
<tr><td colspan="2" rowspan="2">封头薄膜应力</td><td>椭圆封头 $\sigma_h=\frac{Kp_cD_i}{2\delta_{he}}$
碟形封头 $\sigma_h=\frac{Mp_cR_h}{2\delta_{he}}$</td><td rowspan="2"></td><td rowspan="2"></td><td rowspan="2">MPa</td></tr>
<tr><td>半球形封头 $\sigma_h=\frac{p_cD_i}{4\delta_{he}}$
平盖 $\sigma_h=\frac{Kp_cD_c^2}{\delta_{he}^2}$(仅供参考)</td></tr>
<tr><td colspan="2">封头剪应力</td><td>$\tau_h=\frac{K_4F}{R_a\delta_{he}}$</td><td></td><td></td><td>MPa</td></tr>
<tr><td colspan="2">圆筒/封头切向剪应力校核</td><td>$\tau\leqslant0.8[\sigma]^t$,$\tau_h\leqslant1.25[\sigma]^t-\sigma_h$,
地震工况$[\sigma]^t$ 以 $K_0[\sigma]^t$ 代替</td><td colspan="2">合格</td><td></td></tr>
</table>

续表

设计工况(有地震载荷)下鞍座一的计算结果					
	应力项		计算值	许用值	
圆筒和加强圈周向应力	横截面的最低点处	$\sigma_5=-\dfrac{kK_5F}{\delta_e b_2}$(无垫板) $\sigma_5=-\dfrac{kK_5F}{(\delta_e+\delta_{re})b_2}$(有垫板)	−4.83	226.80	MPa
	鞍座边角处	$\sigma_6=-\dfrac{F}{4\delta_e b_2}-\dfrac{3K_6F}{2\delta_e^2}$(无垫板且 $L\geqslant 8R_a$) $\sigma_6=-\dfrac{F}{4\delta_e b_2}-\dfrac{12K_6FR_a}{L\delta_e^2}$(无垫板且 $L<8R_a$) $\sigma_6=-\dfrac{F}{4(\delta_e+\delta_{re})b_2}-\dfrac{3K_6F}{2(\delta_e^2+\delta_{re}^2)}$(有垫板且 $L\geqslant 8R_a$) $\sigma_6=-\dfrac{F}{4(\delta_e+\delta_{re})b_2}-\dfrac{12K_6FR_a}{L(\delta_e^2+\delta_{re}^2)}$(有垫板且 $L<8R_a$)	−142.04	283.50	MPa
	鞍座垫板边缘处	$\sigma_6'=-\dfrac{F}{4\delta_e b_2}-\dfrac{3K_6F}{2\delta_e^2}$(当 $L\geqslant 8R_a$) $\sigma_6'=-\dfrac{F}{4\delta_e b_2}-\dfrac{12K_6FR_a}{L\delta_e^2}$(当 $L<8R_a$)			MPa
	圆筒上的周向应力(加强圈位于鞍座平面上时在鞍座边角处,加强圈靠近鞍座时在靠近水平中心线处)	$\sigma_7=-\dfrac{K_8F}{A_0}+\dfrac{C_4K_7FR_ae}{I_0}$			MPa
	加强圈的周向应力(加强圈位于鞍座平面上时在鞍座边角处,加强圈靠近鞍座时在靠近水平中心线处;在加强圈内缘或外缘表面)	$\sigma_8=-\dfrac{K_8F}{A_0}+\dfrac{C_5K_7FR_ad}{I_0}$			MPa
	圆筒和加强圈周向应力校核	$\lvert\sigma_5\rvert\leqslant[\sigma]^t$,$\lvert\sigma_6\rvert\leqslant 1.25[\sigma]^t$,$\lvert\sigma_6'\rvert\leqslant 1.25[\sigma]^t$,$\lvert\sigma_7\rvert\leqslant 1.25[\sigma]^t$,$\lvert\sigma_8\rvert\leqslant 1.25[\sigma]_r^t$,地震工况$[\sigma]^t$以$K_0[\sigma]^t$、$[\sigma]_r^t$以$K_0[\sigma]_r^t$代替	合格		
	应力项		计算值	许用值	
鞍座应力	腹板的水平方向平均拉应力	$\sigma_9=\dfrac{F_s}{H_sb_o}$(无垫板), $\sigma_9=\dfrac{F_s}{H_sb_o+b_r\delta_{re}}$(有垫板)	31.22	160.00	MPa
	水平地震力引起的鞍座压缩应力	$\sigma_{sa}=-\dfrac{F}{A_{sa}}-\dfrac{F_{Ev}H}{2Z_r}-\dfrac{F_{Ev}H_V}{A_{sa}(L-2A)}$(当 $F_{Ev}\leqslant mgf$) $\sigma_{sa}=-\dfrac{F}{A_{sa}}-\dfrac{(F_{Ev}-Ff_s)H}{Z_r}-\dfrac{F_{Ev}H_V}{A_{sa}(L-2A)}$(当 $F_{Ev}>mgf$)	−51.18	240.00	MPa

续表

设计工况(有地震载荷)下鞍座一的计算结果					
鞍座应力	温度变化引起的鞍座压缩应力	$\sigma_{sa}^{t}=-\frac{F}{A_{sa}}-\frac{FfH}{Z_r}$			MPa
鞍座应力	鞍座应力校核	$\sigma_9\leqslant\frac{2}{3}[\sigma]_{sa}$，地震工况$[\sigma]_{sa}$以$K_0[\sigma]_{sa}$代替 $\lvert\sigma_{sa}\rvert\leqslant K_0[\sigma]_{sa}$，$\lvert\sigma_{sa}^{t}\rvert\leqslant[\sigma]_{sa}$			
地脚螺栓应力	侧向地震力引起的由本鞍座承受的侧向倾覆力矩		−97136088		N·mm
地脚螺栓应力	容器质心高度(质心到基础的距离，已计入液位的影响)H_v		1166.00		mm
地脚螺栓应力	容器最小质量 m_0		60482		kg
地脚螺栓应力	分配到本支座上的倾覆力矩	$M_{Ev}^{0-0}=\left(F_{Ev}H_v-m_0g\frac{l}{2}\right)\frac{F}{mg}$	−97136088		N·mm
地脚螺栓应力	地震力引起的地脚螺栓拉应力	$\sigma_{bt}=\frac{M_{Ev}^{0-0}}{nlA_{bt}}$	−540.46	176.40	MPa
地脚螺栓应力	地震力引起的地脚螺栓剪应力	$\tau_{bt}=\frac{F_{Ev}-2Ff_s}{n'A_{bt}}$			MPa
地脚螺栓应力	地脚螺栓应力校核	$\sigma_{bt}\leqslant K_0[\sigma_{bt}]$，$\tau_{bt}\leqslant0.8K_0[\sigma_{bt}]$	合格		
设计工况(有地震载荷)下鞍座一的校核结论			合格		
压力试验工况下鞍座一的计算结果					
鞍座对应压力腔的计算压力 p_c			1.50		MPa
鞍座处圆筒中面半径 R_a			908		mm
鞍座处圆筒有效厚度 δ_e			12.7		mm
鞍座处圆筒材料			Q345R 板材		
圆筒计算温度下许用应力		$[\sigma]^t$	189.00		MPa
圆筒计算温度下许用压缩应力		$[\sigma]_{ac}^{t}=\min\{[\sigma]^t,B\}$	144.50		MPa
鞍座垫板设置情况			无垫板		
鞍座处圆筒加强圈设置情况			无加强圈		
鞍座反力 F			425820		N
鞍座处的剪力 T			269495		N
本鞍座与右侧鞍座间最大弯矩 M_1			−125066776		N·mm
鞍座处弯矩 M_2			−271932192		N·mm
鞍座腹板的水平分力 F_s			110446		N
本工况下的设备总质量 m			82285		kg
圆筒轴向应力	应力项		最大值	最小值	
圆筒轴向应力	本鞍座与右侧鞍座间最大弯矩处，圆筒最高点	$\sigma_1=\frac{p_cR_a}{2\delta_e}-\frac{M_1}{\pi R_a^2\delta_e}$	57.43	3.80	MPa
圆筒轴向应力	本鞍座与右侧鞍座间最大弯矩处，圆筒最低点	$\sigma_2=\frac{p_cR_a}{2\delta_e}+\frac{M_1}{\pi R_a^2\delta_e}$	49.82	−3.80	MPa
圆筒轴向应力	鞍座处，圆筒最高点	$\sigma_3=\frac{p_cR_a}{2\delta_e}-\frac{M_2}{K_1\pi R_a^2\delta_e}$	105.10	51.48	MPa

续表

设计工况(有地震载荷)下鞍座一的计算结果						
圆筒轴向应力	鞍座处,圆筒最低点		$\sigma_4=\frac{p_cR_a}{2\delta_e}+\frac{M_2}{K_2\pi R_a^2\delta_e}$	24.00	−29.62	MPa
	轴向应力的计算值		拉应力 $\max\{\sigma_1,\sigma_2,\sigma_3,\sigma_4\}$ 压应力 $\lvert\min\{\sigma_1,\sigma_2,\sigma_3,\sigma_4\}\rvert$	105.10	29.62	MPa
	轴向应力的许用值		拉应力 $\phi[\sigma]^t$ 或 $0.9\phi R_{eL}(R_{p0.2})$ 或 $\phi K_0[\sigma]^t$;压应力 $[\sigma]^t_{ac}$	263.93	144.50	MPa
	圆筒轴向应力校核			合格	合格	
	应力项			计算值	许用值	
切向剪应力	圆筒剪应力	圆筒未被加强(鞍座中心到最近加强件的距离$>R_a/2$)	$\tau=\frac{K_3T}{R_a\delta_e}$	18.67	151.20	MPa
		圆筒被加强(鞍座中心到最近加强件的距离$\leqslant R_a/2$)	$\tau=\frac{K_3F}{R_a\delta_e}$			
	封头薄膜应力	椭圆封头 $\sigma_h=\frac{Kp_cD_i}{2\delta_{he}}$;碟形封头 $\sigma_h=\frac{Mp_cR_h}{2\delta_{he}}$ 半球形封头 $\sigma_h=\frac{p_cD_i}{4\delta_{he}}$;平盖 $\sigma_h=\frac{Kp_cD_c^2}{\delta_{he}^2}$(仅供参考)				MPa
	封头剪应力	$\tau_h=\frac{K_4F}{R_a\delta_{he}}$				MPa
	圆筒/封头切向剪应力校核	$\tau\leqslant0.8[\sigma]^t$,$\tau_h\leqslant1.25[\sigma]^t-\sigma_h$,地震工况$[\sigma]^t$以$K_0[\sigma]^t$代替		合格		
	应力项			计算值	许用值	
圆筒和加强圈周向应力	横截面的最低点处		$\sigma_5=-\frac{kK_5F}{\delta_eb_2}$(无垫板) $\sigma_5=-\frac{kK_5F}{(\delta_e+\delta_{re})b_2}$(有垫板)	−4.89	189.00	MPa
	鞍座边角处		$\sigma_6=-\frac{F}{4\delta_eb_2}-\frac{3K_6F}{2\delta_e^2}$(无垫板且$L\geqslant8R_a$) $\sigma_6=-\frac{F}{4\delta_eb_2}-\frac{12K_6FR_a}{L\delta_e^2}$(无垫板且$L<8R_a$) $\sigma_6=-\frac{F}{4(\delta_e+\delta_{re})b_2}-\frac{3K_6F}{2(\delta_e^2+\delta_{re}^2)}$(有垫板且$L\geqslant8R_a$) $\sigma_6=-\frac{F}{4(\delta_e+\delta_{re})b_2}-\frac{12K_6FR_a}{L(\delta_e^2+\delta_{re}^2)}$(有垫板且$L<8R_a$)	−143.58	236.25	MPa
	鞍座垫板边缘处		$\sigma_6'=-\frac{F}{4\delta_eb_2}-\frac{3K_6F}{2\delta_e^2}$(当$L\geqslant8R_a$) $\sigma_6'=-\frac{F}{4\delta_eb_2}-\frac{12K_6FR_a}{L\delta_e^2}$(当$L<8R_a$)			MPa
	圆筒上的周向应力(加强圈位于鞍座平面上时在鞍座边角处,加强圈靠近鞍座时在靠近水平中心线处)		$\sigma_7=-\frac{K_8F}{A_0}+\frac{C_4K_7FR_ae}{I_0}$			MPa

续表

设计工况（有地震载荷）下鞍座一的计算结果					
圆筒和加强圈周向应力	加强圈的周向应力（加强圈位于鞍座平面上时在鞍座边角处，加强圈靠近鞍座时在靠近水平中心线处；在加强圈内缘或外缘表面）	$\sigma_8=-\dfrac{K_8F}{A_0}+\dfrac{C_5K_7FR_ad}{I_0}$			MPa
	圆筒和加强圈周向应力校核	$\lvert\sigma_5\rvert\leqslant[\sigma]^t$，$\lvert\sigma_6\rvert\leqslant1.25[\sigma]^t$，$\lvert\sigma_6'\rvert\leqslant1.25[\sigma]^t$ $\lvert\sigma_7\rvert\leqslant1.25[\sigma]^t$，$\lvert\sigma_8\rvert\leqslant1.25[\sigma]_r^t$ 地震工况$[\sigma]^t$以$K_0[\sigma]^t$、$[\sigma]_r^t$以$K_0[\sigma]_r^t$代替	合格		
鞍座应力	应力项		计算值	许用值	
	腹板的水平方向平均拉应力	$\sigma_9=\dfrac{F_s}{H_sb_o}$（无垫板）， $\sigma_9=\dfrac{F_s}{H_sb_o+b_r\delta_{re}}$（有垫板）	31.56	133.33	MPa
	水平地震力引起的鞍座压缩应力	$\sigma_{sa}=-\dfrac{F}{A_{sa}}-\dfrac{F_{Ev}H}{2Z_r}-\dfrac{F_{Ev}H_V}{A_{sa}(L-2A)}$（当$F_{Ev}\leqslant mgf$） $\sigma_{sa}=-\dfrac{F}{A_{sa}}-\dfrac{(F_{Ev}-Ff_s)H}{Z_r}-\dfrac{F_{Ev}H_V}{A_{sa}(L-2A)}$（当$F_{Ev}>mgf$）			MPa
	温度变化引起的鞍座压缩应力	$\sigma_{sa}^t=-\dfrac{F}{A_{sa}}-\dfrac{FfH}{Z_r}$	−89.24	200.00	MPa
	鞍座应力校核	$\sigma_9\leqslant\dfrac{2}{3}[\sigma]_{sa}$，地震工况$[\sigma]_{sa}$以$K_0[\sigma]_{sa}$代替 $\lvert\sigma_{sa}\rvert\leqslant K_0[\sigma]_{sa}$，$\lvert\sigma_{sa}^t\rvert\leqslant[\sigma]_{sa}$	合格		
地脚螺栓应力	侧向地震力引起的由本鞍座承受的侧向倾覆力矩				N·mm
	容器质心高度（质心到基础的距离，已计入液位的影响）H_v				mm
	容器最小质量 m_0				kg
	分配到本支座上的倾覆力矩	$M_{Ev}^{0-0}=\left(F_{Ev}H_v-m_0g\dfrac{l}{2}\right)\dfrac{F}{mg}$			N·mm

5.2.2　PV Elite 工程应用

（1） 软件介绍

PV Elite 软件基于国际标准（如美国 ASME 锅炉与压力容器规范）和行业标准（如卧式容器 Zick 分析法），提供了大量的易用的计算方法，可用于压力容器整体和零部件分析设计，其中 CodeCalc 是内置于 PV Elite 中的零部件分析程序。对于常规容器，可依据 ASME BPVC. Ⅷ. 第 1、2 分篇，PD 5500 和 EN 13445 等国外标准，并组合压力、重量、风和地震荷载等工况进行设备的壁厚设计和分析，可以计算压力和容许纵向应力（包括拉伸和压缩）的结构载荷作用下设备的最小壁厚。对于完整的立式容器，用户可以定义裙座、支腿或耳座支承下设备完整的静载和动载分析，也可指定试验条件为卧式或水平测试位置计算容器最大允许工作压力，包括液柱静压力和 ANSI B16.5 法兰压力限制。对于完整的卧式容器，用户可以使用 L. P. Zick 的方法对鞍座支承的卧式容器进行应力分析，计算结果包括鞍座处的应力、容器中点和封头处的应力。软件还可以自动增加厚度，满足压力、结构载荷要求；在外压下自动设置加强圈。软件主要功能见表 5-7。

表 5-7　PV Elite 软件主要功能

项目	功能
壳体和封头	CodeCalc 可计算出壳体、封头所能承受的最大压力或计算出在特定压力下壳体、封头所需的厚度
圆锥壳体	CodeCalc 可计算出容器所能承受的最大内外压力或计算出在特定压力下容器所需的厚度，也可计算锥柱连接处的不连续应力
开口补强	计算在封头、筒体、锥体等处的开口补强
换热器管板	可根据 ASME 或 TEMA 标准计算出管板和法兰的厚度。可计算出管子的许用应力、管子和管板之间的连接载荷及许用应力
WRC 107 公报	在 WRC 107 公报中，可计算出柱壳和球壳在附着连接处所受的外部载荷下的局部应力。计算出的应力可与 ASME BPVC 第Ⅷ卷第 2 分篇中的设计应力强度进行比较；在内外压力作用下，CodeCalc 可计算出接管补强面积、最低设计金属温度，最小颈厚、焊缝强度、最小的焊缝尺寸
鞍座	可计算鞍座支承的卧式压力容器在压力及各种载荷（包括风和地震载荷）工况下的容器和鞍座处的应力（Zick 分析方法）
法兰	CodeCalc 可计算法兰所需的厚度、最大允许压力
支腿和吊耳	对于有支承的容器，可计算支腿、支座、吊耳的应力和他们的允许极限应力
B31 接管补强	可计算补强管的相贯部位（ANSI B31.3）在内压载荷下所需的厚度，可计算所需的和允许的补强面积及最大允许压力
波纹管	根据 ASME BPVC 第Ⅷ卷第 1 分篇和 TEMA 标准，可计算法兰和管膨胀节的应力，设计循环次数和弹簧系数。根据 ASME BPVC 第Ⅷ卷第 1 分篇附录 26，计算金属薄壁膨胀节焊接和非焊接处的应力和设计循环次数
立式容器地脚环	计算在风或地震力矩作用下基础环板、联结板、顶板和裙板的所需厚度及局部应力
大开孔	根据 ASME BPVC 第Ⅷ卷第 1 分篇附录 2 和 14，进行平封头大开孔的设计
方形容器	可根据 ASME BPVC 第Ⅷ卷第 1 分篇附录 14 进行各种矩形和非圆形容器的完整应力计算
半夹套计算	根据 ASME BPVC 第Ⅷ卷第 1 分篇，计算柱壳半夹套的厚度和最大工作压力
换热器浮头	可计算浮型封头在内外压力作用下的封头厚度，并可计算法兰的弯矩

PV Elite 软件界面如图 5-33。左上角有一个快速访问工具栏①，可以自定义最常用的命令或使用撤销和重做功能；②为工具栏；③为文件菜单；④为元件菜单，如筒体、封头、锥体、法兰等；⑤为附件菜单，如接管、加强圈、填料、塔板、平台、扶梯、支座、保温层等；⑥为输入和零部件计算菜单；⑦为常用操作菜单，如插入、删除、更新、共享、翻转、元件加入等；⑧为辅助工具菜单，如计算器等；⑨为分析和错误检查菜单；⑩为设计标准规范菜单。

左键点击图形视图⑬将显示一个元件定义的数据表⑪和元件附加数据表⑫；可通过视图方位⑭观察设备；⑮与⑥输入菜单的下拉菜单对应，用于定义分析可能需要的其他类型的数据如设计数据、报告标题、一般输入数据及偶然载荷数据（风载荷 Wind Data 选项卡和地震

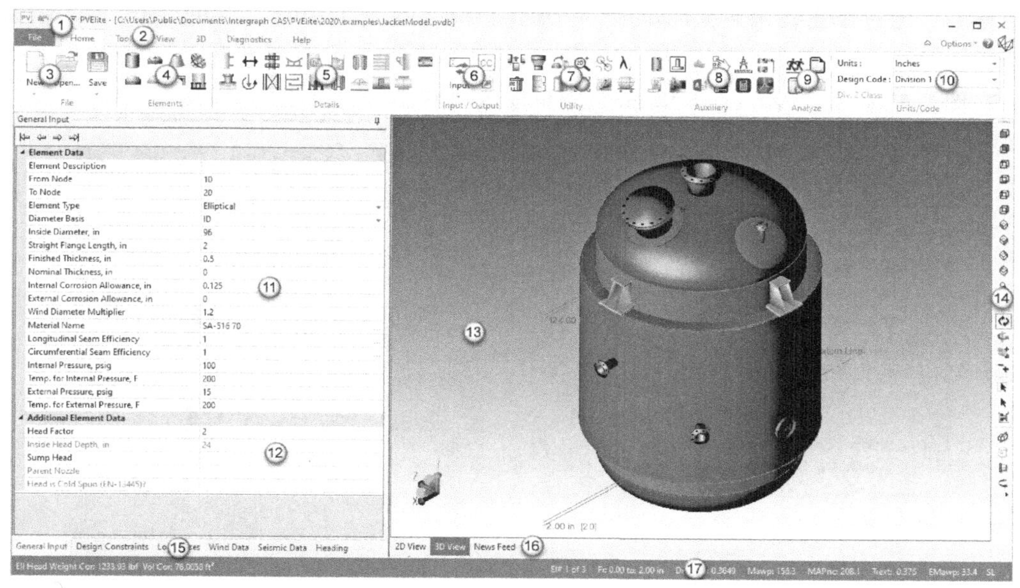

图 5-33　PV Elite 软件界面

载荷 Seismic Data 选项卡）；使用选项卡⑯可在 2D 和 3D 视图之间进行切换；底部为状态栏⑰，显示元件数量、当前元件的位置和方向以及当前元件的快速内压计算结果。

（2）软件的应用举例

以 U 形管换热器设计为例，具体步骤如下。

步骤 1：启动 PV Elite 软件，在“Tools”菜单下点击“Select Units”，在文件中选择“SI _ ASME _ Unicode. fil”文件，如图 5-34，将单位转化为国际单位制显示。

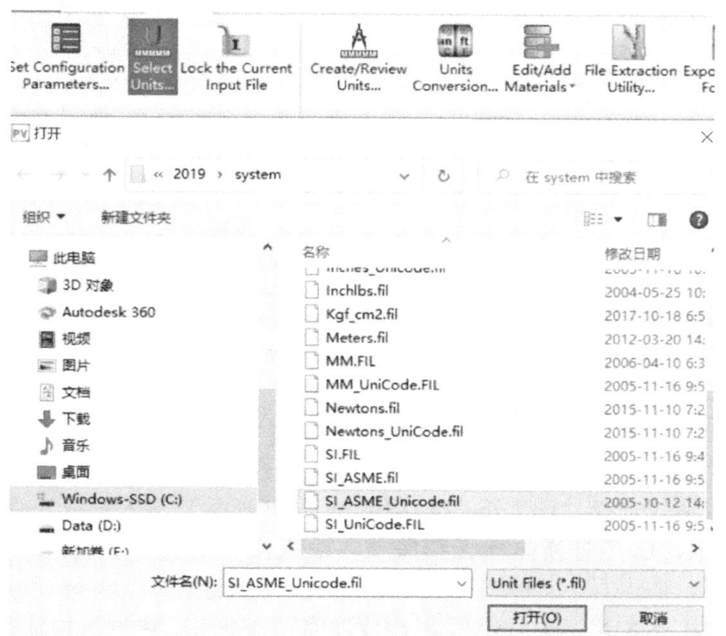

图 5-34　单位制显示修改

步骤 2：通过单击椭圆封头创建一个椭圆封头，在“Utility”菜单点击设置椭圆形封头的布置方向为水平方向，如图 5-35 输入左封头数据，在附加参数中，“Head Factor”为 2。在图 5-35 左边“Material Name”中可输入材料牌号选择不同材料。

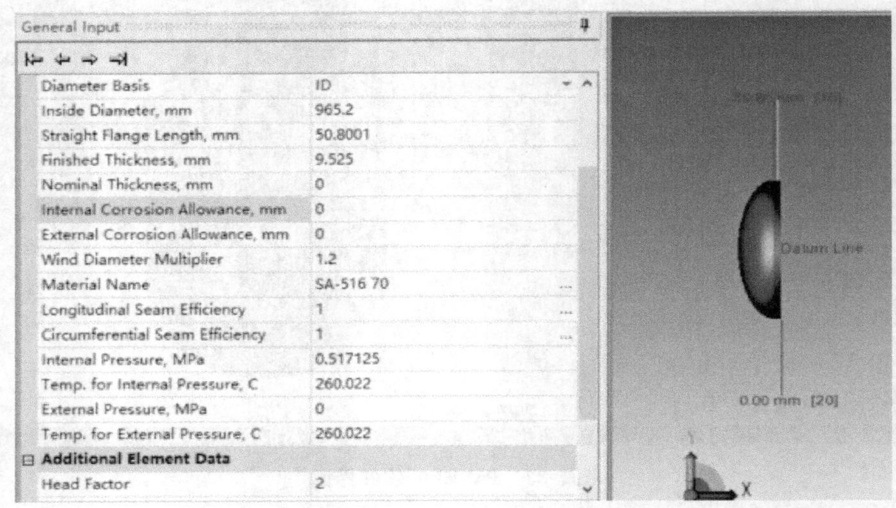

图 5-35　左封头数据

步骤 3：通过单击创建圆柱管箱，圆柱管箱输入参数如图 5-36 所示。

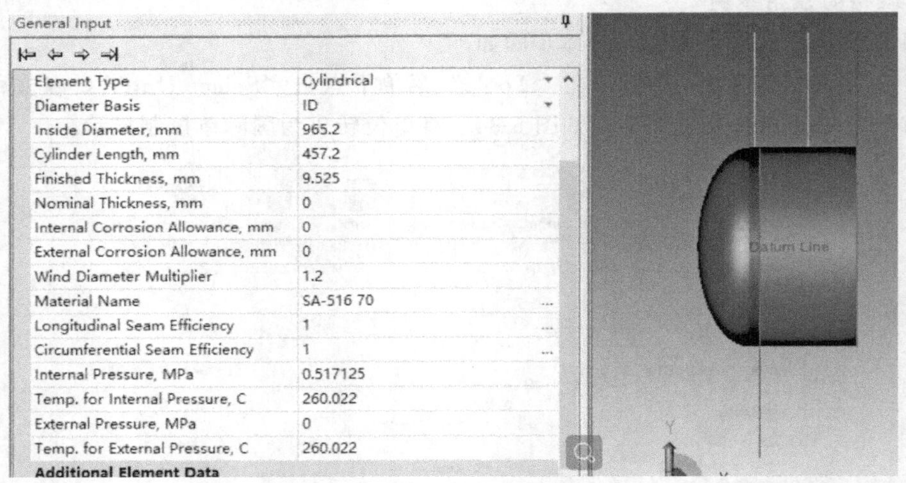

图 5-36　管箱参数

步骤 4：通过单击创建管箱法兰，管箱法兰输入参数如图 5-37 所示。

步骤 5：在附件中单击创建管板，在换热器管板数据输入中，分析方法选择“ASME”，换热器形式选择“U-Tube”如图 5-38（a）所示。输入管板和管子数据，如图 5-38（b）、（c）所示，U 形管换热器无膨胀节，输入换热器壳程和管程载荷如图 5-38（d）所示。

步骤 6：在屏幕最下方选择 3D View（3D 视图）选项卡，模型显示如图 5-39 所示。

步骤 7：通过单击创建壳程壳体法兰，壳体法兰输入参数如图 5-40 所示。

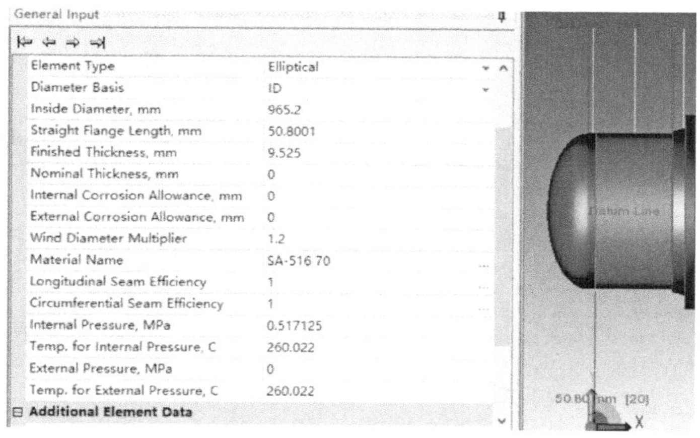

图 5-37　管箱法兰参数

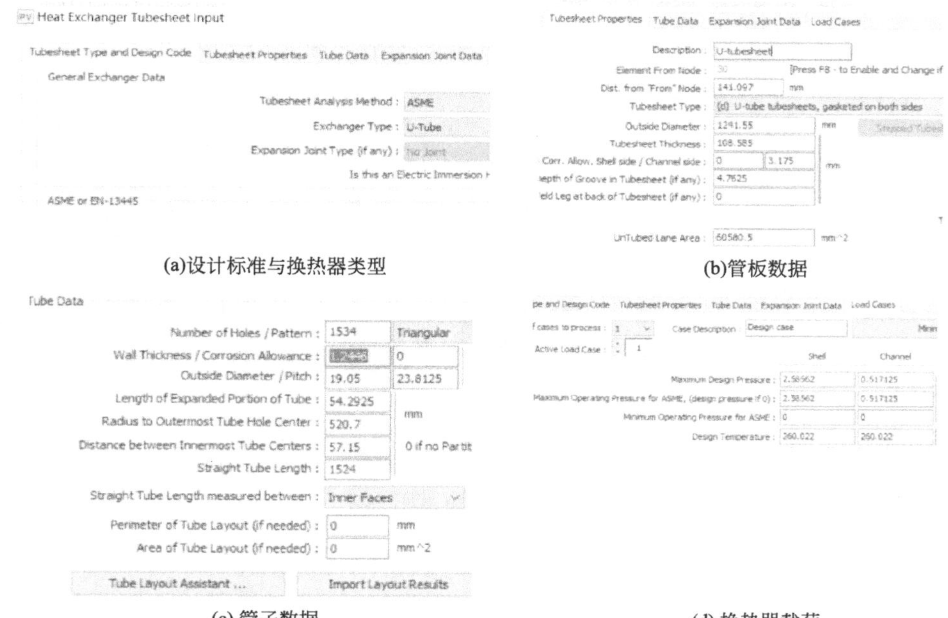

(a)设计标准与换热器类型

(b)管板数据

(c) 管子数据

(d) 换热器载荷

图 5-38　换热器管板管数据输入

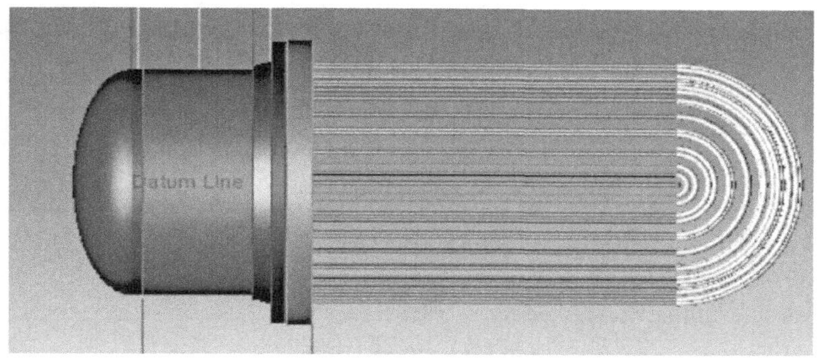

图 5-39　U 形换热管板、管子示意图

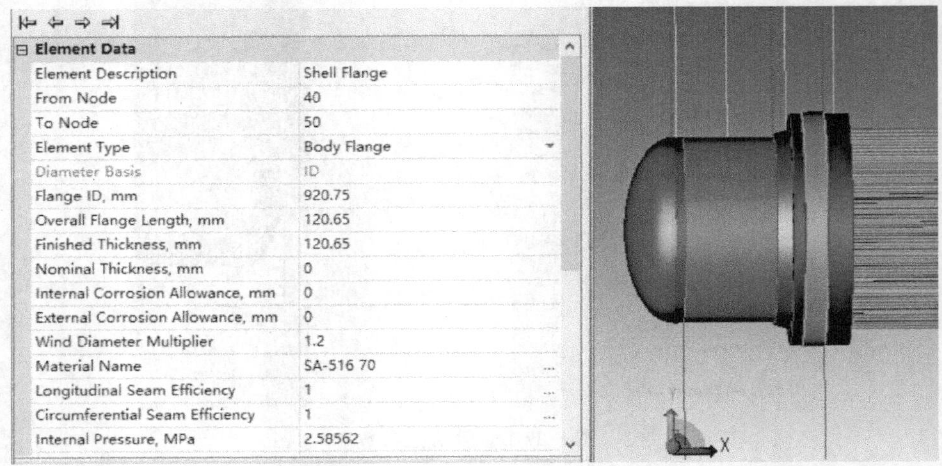

Element Data	
Element Description	Shell Flange
From Node	40
To Node	50
Element Type	Body Flange
Diameter Basis	ID
Flange ID, mm	920.75
Overall Flange Length, mm	120.65
Finished Thickness, mm	120.65
Nominal Thickness, mm	0
Internal Corrosion Allowance, mm	0
External Corrosion Allowance, mm	0
Wind Diameter Multiplier	1.2
Material Name	SA-516 70
Longitudinal Seam Efficiency	1
Circumferential Seam Efficiency	1
Internal Pressure, MPa	2.58562

图 5-40　壳程壳体法兰参数

步骤 8：通过单击创建壳程壳体，壳体输入参数如图 5-41 所示。

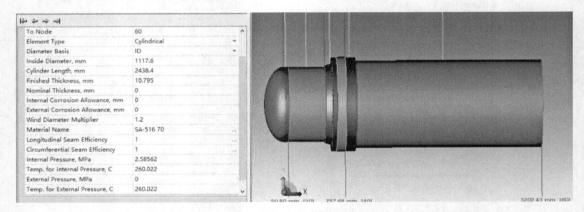

To Node	60
Element Type	Cylindrical
Diameter Basis	ID
Inside Diameter, mm	1117.6
Cylinder Length, mm	2438.4
Finished Thickness, mm	10.795
Nominal Thickness, mm	0
Internal Corrosion Allowance, mm	0
External Corrosion Allowance, mm	0
Wind Diameter Multiplier	1.2
Material Name	SA-516 70
Longitudinal Seam Efficiency	1
Circumferential Seam Efficiency	1
Internal Pressure, MPa	2.58562
Temp. for Internal Pressure, C	260.022
External Pressure, MPa	0
Temp. for External Pressure, C	260.022

图 5-41　壳程壳体参数

步骤 9：类似步骤 2，创建右封头，输入参数如图 5-42 所示。

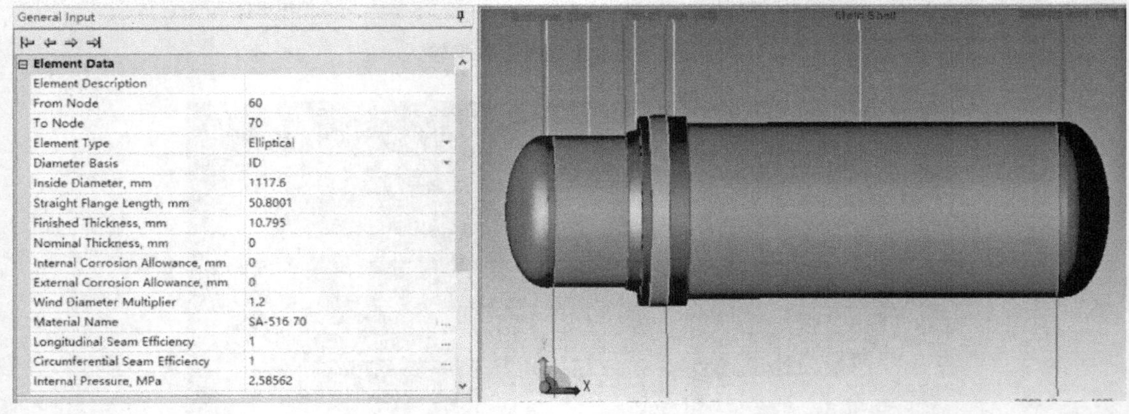

General Input

Element Data	
Element Description	
From Node	60
To Node	70
Element Type	Elliptical
Diameter Basis	ID
Inside Diameter, mm	1117.6
Straight Flange Length, mm	50.8001
Finished Thickness, mm	10.795
Nominal Thickness, mm	0
Internal Corrosion Allowance, mm	0
External Corrosion Allowance, mm	0
Wind Diameter Multiplier	1.2
Material Name	SA-516 70
Longitudinal Seam Efficiency	1
Circumferential Seam Efficiency	1
Internal Pressure, MPa	2.58562

图 5-42　右封头参数

步骤 10：在输入界面选中壳程壳体，在附件中点击创建换热器鞍座，左鞍座输入数据如图 5-43 所示。

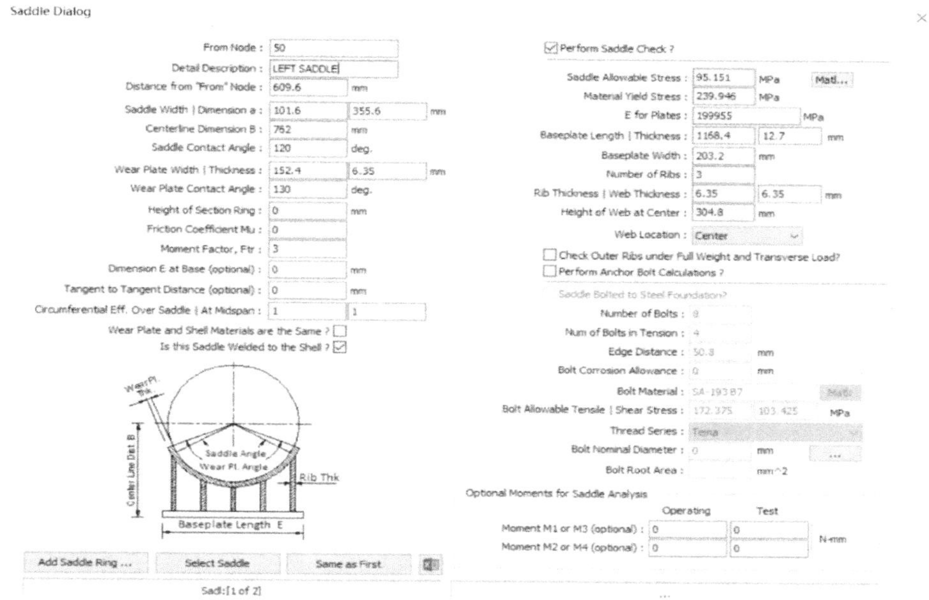

图 5-43　左鞍座参数

步骤 11：右鞍座参数输入与左鞍座类似，输入鞍座数据后设备如图 5-44 所示。

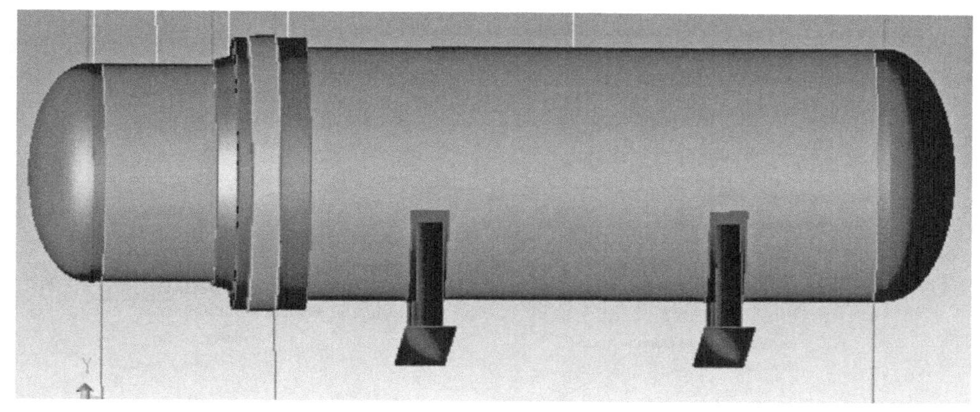

图 5-44　换热器鞍座设计

步骤 12：设计壳程流体进、出口接管，在附件菜单点击，创建壳程流体进口接管，输入参数如图 5-45 所示，在“Layout”中设置接管方位，壳程流体出口接管与入口接管设置方法类似。

步骤 13：设计管程流体进、出口接管，首选选中管箱，在附件菜单点击，创建管程流体进口接管，输入参数如图 5-46，在“Layout”中设置接管方位。管程出口接管与入口接管设置方法类似。

通过上述 13 个步骤的设计输入，U 形管换热器各部件及附件参数输入设计结果如图 5-47 所示。

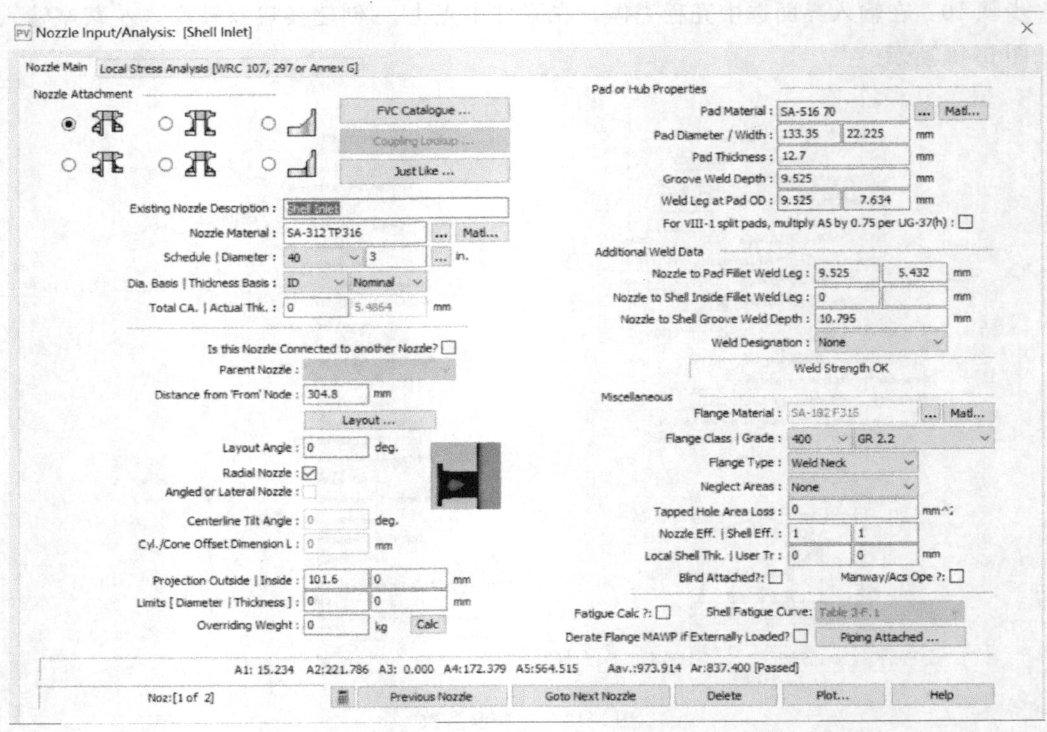

图 5-45 壳程流体进口接管参数输入

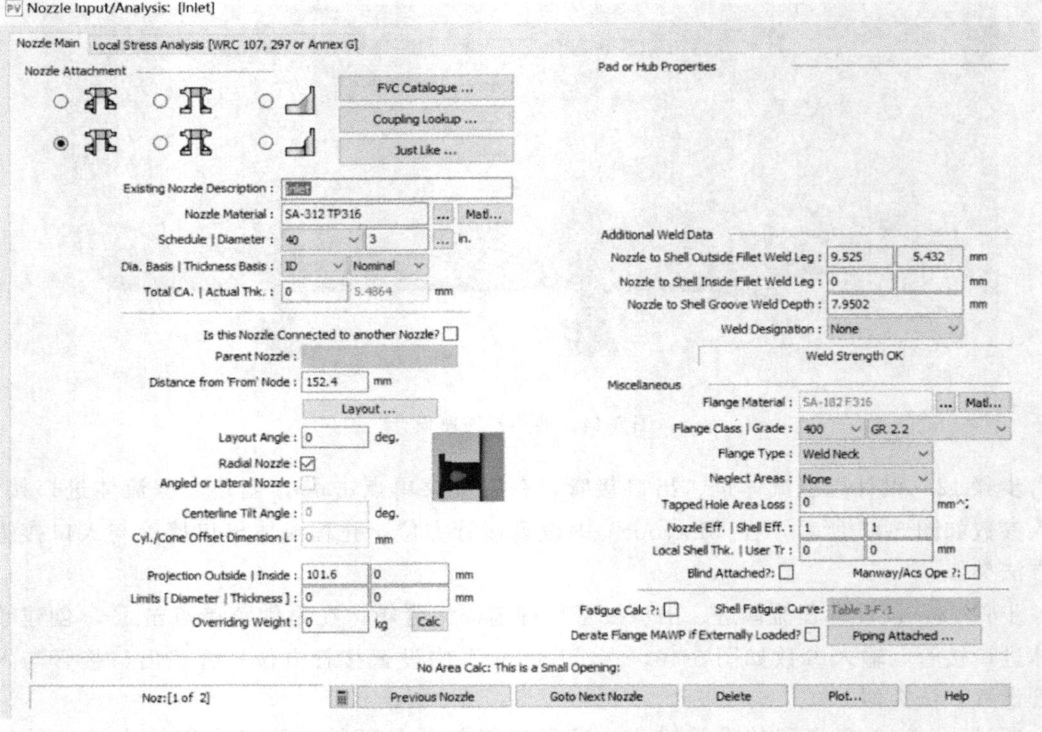

图 5-46 管程流体进口接管参数输入

图 5-47　U 形管换热器参数输入设计结果

步骤 14：在“Design Constraints”工具栏输入数据，如压力和温度、水压试验标准及容器放置方式。如果没有输入数据，软件将使用系统默认值，如图 5-48。

Design Constraints

Design Data	
Design Internal Press, MPa	2.58563
Design External Press, MPa	0.103425
Design Internal Temp, C	260.022
Design External Temp, C	260.022
Datum Line Options	click to edit
Hydrotest Type	UG-99c
Hydrotest Position	Horizontal
Projection from Top, mm	0
Projection from Bottom, mm	0
Projection from Bottom Ope, mm	0
Min. Des Metal (CET) Temperature, C	-28.8898
No UG-20(f) Exemptions	
Flange Distance to Top, mm	0
Construction Type	Welded
Service Type	None
Degree of Radiography	RT 1
Miscellaneous Weight %	click for options

图 5-48　换热器设计约束

步骤 15：通过“Design Modification”选项下的“Design/Analysis Constraint”功能定义确定软件调整壁厚的规则。如图 5-49，PV Elite 提供了直接设计功能，可自动考虑来自各种静载和活载的轴向应力以及内压和外压的影响，自动增加壁厚以满足规范的要求。

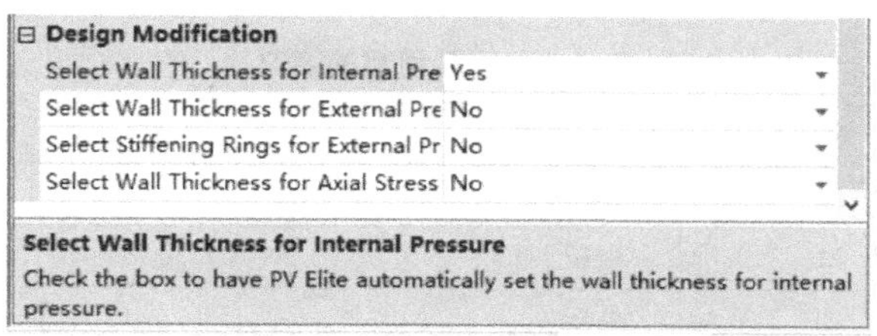

图 5-49　模型参数修正

步骤 16：填写风载荷与地震载荷设计选项，动载荷输入参数如图 5-50。

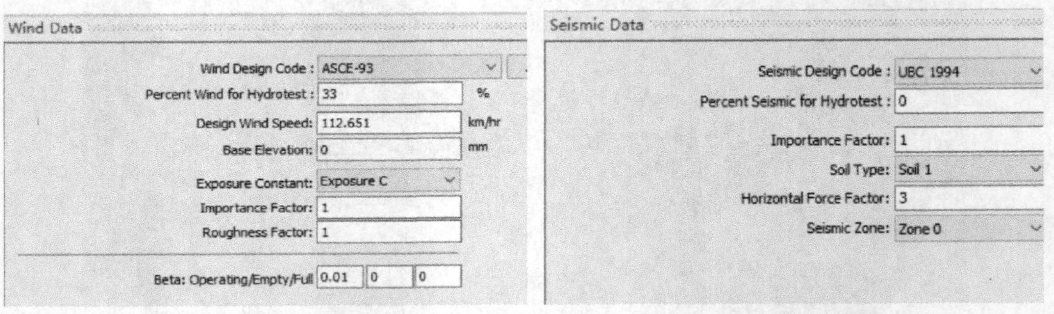

(a) 风载荷　　(b) 地震载荷

图 5-50　动载荷输入参数

输入风力标量乘数值。产生风荷载后，将乘以该值。大于 1 的值会增加载荷，小于 1 的值会降低载荷。如果没有风载荷请输入 0。右侧的“>”按钮可将该值设置为默认值，如图 5-51。

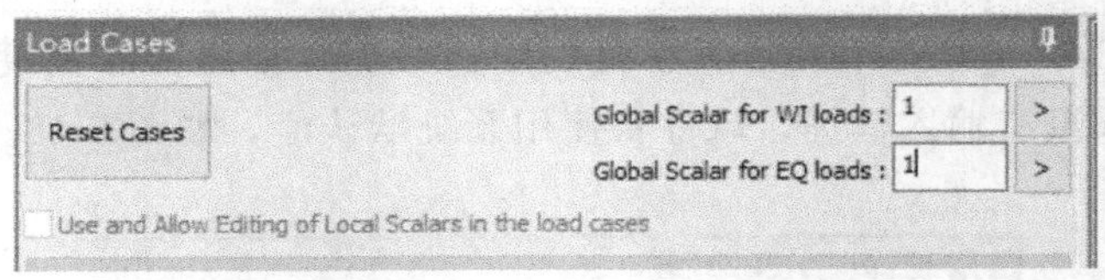

图 5-51　风载荷与地震全局标量

步骤 17：分析载荷组合工况，软件可对内部压力、外部压力、水压测试压力、风载荷和地震载荷的各种组合进行计算。可定义多种载荷组合并进行评估。载荷工况由一系列缩写定义，如图 5-52 显示的是默认的载荷组合工况。工况缩写的意义见表 5-8。

Stress Combination Load Cases	
Case 1	NP+EW+WI+FW+BW
Case 2	NP+EW+EE+FS+BS
Case 3	NP+OW+WI+FW+BW
Case 4	NP+OW+EQ+FS+BS
Case 5	NP+HW+HI
Case 6	NP+HW+HE
Case 7	IP+OW+WI+FW+BW
Case 8	IP+OW+EQ+FS+BS
Case 9	EP+OW+WI+FW+BW
Case 10	EP+OW+EQ+FS+BS
Case 11	HP+HW+HI
Case 12	HP+HW+HE

图 5-52　默认的载荷组合工况

表 5-8　工况缩写的意义

类型	缩写	意义
压力	NP	无压力
	IP	内压
	EP	外压
	HP	压力试验时的压力

续表

类型	缩写	意义
重量	EW	空重
	OW	操作重量
	HW	水压重量
	CW	空重，无腐蚀
动载	WI	风载荷
	EQ	地震载荷
	HI	压力试验工况时风载荷
	HE	压力试验工况时地震载荷
	EE	地震弯矩产生的弯曲应力（空重）
	VF	风振（充满水）
	VO	风振（操作）
	VE	风振（空重）
	WE	新冷态空重工况风载荷弯矩（空重）（无腐蚀）
	WF	新冷态充满介质风载荷弯矩（充满介质）（无腐蚀）
用户自定义载荷	BN	由用户定义的横向力产生的弯曲应力，未腐蚀风载荷工况
	BS	由用户定义的横向力产生的弯曲应力，腐蚀地震工况
	BU	由用户定义的横向力产生的弯曲应力，未腐蚀地震工况
	BW	由用户定义的横向力产生的弯曲应力，腐蚀风载荷工况
	FS	地震载荷工况下用户定义的轴向载荷引起的轴向应力
	FW	风载荷工况下用户定义的轴向载荷引起的轴向应力

接管往往是设备失效的薄弱软件，在载荷工况接管选项中主要包括管口/设计压力选项、设计补强圈去加强开孔、ASME 大直径接管设计、ANSI 法兰压力降低选项等。如图 5-53 所示。

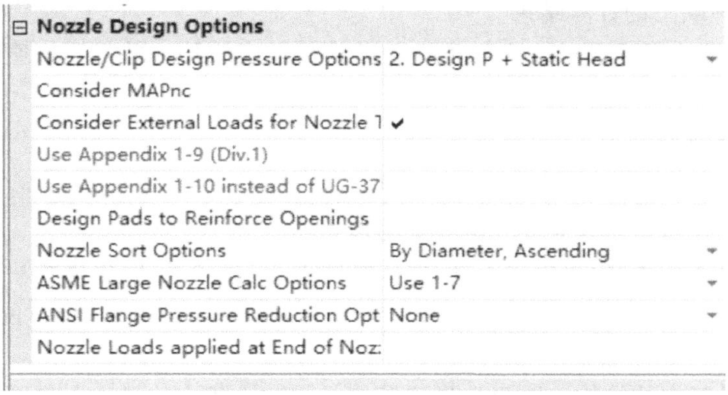

Nozzle Design Options	
Nozzle/Clip Design Pressure Options	2. Design P + Static Head
Consider MAPnc	
Consider External Loads for Nozzle 1	✔
Use Appendix 1-9 (Div.1)	
Use Appendix 1-10 instead of UG-37	
Design Pads to Reinforce Openings	
Nozzle Sort Options	By Diameter, Ascending
ASME Large Nozzle Calc Options	Use 1-7
ANSI Flange Pressure Reduction Opt	None
Nozzle Loads applied at End of Noz:	

图 5-53　接管选项

步骤 18：进行模型分析。在“Home”选项卡中的“Analyze”面板有 2 个选项“Error Check Only”和“Analyze”。“Error Check Only”选项可在任何可疑数据输入后立即进行。“Analyze”在分析开始之前自动执行错误检查。使用“Review Reports”可以查看错误检查的报告。可以点击“Analyze”分析当前模型并创建输出文件，点击“Report List”查看分析报告。

5.2.3 NozzlePRO工程应用

(1) 软件介绍

NozzlePRO是专门针对压力容器及压力管道的有限元分析软件，可以直接进行筒体、封头、锥段、平盖等的接管的校核，同时也可进行支座的校核。NozzlePRO作为管道和压力容器的单个部件分析工具，不仅包含了传统的WRC 107公报、WRC 297公报的内容，同时还将精确的有限元分析方法带入了一般工程联合设计与分析中，是管道应力分析与压力容器设计工程师必不可少的设计工具。主要具备以下特点。

① 能快速地搭建管道及压力容器部件的有限元模型，通过输入简单的几个图形参数就可自动地创建模型并进行分析校核，生成详细的报告。

② 计算结果通过图形界面显示，如一次应力、二次应力和峰值应力，能够自动地生成符合ASME标准的应力报告。按照ASME BPVC. Ⅷ第2分篇的应力分类给出应力的评定结果。

③ 能够比较方便地评定管嘴、鞍座及支耳等结构的应力强度。软件包含各种结构类型，如球形、椭圆、碟形、圆筒形及锥形封头。在使用中输入较少的数据就可得到分析模型。在模型中也可以考虑热胀、重量、压力、操作工况、偶然工况、风和地震荷载。

④ 同时提供了轴对称模型与实体模型，包括三维实体单元（6或18个自由度）或者对称模型的分析和校核，轴对称模型可包含压力、稳态或瞬态传热、风和地震引起的倾覆弯矩的分析校核。

⑤ 有缺陷评定模块，它基于API 579-1/ASME FFS-1中的第二级和第三级理论，用于评定设备中的局部腐蚀和裂纹缺陷，在每个模型中都可以定义十多种缺陷。在缺陷评定窗口可以定义缺陷的位置、类型和形式，在提供的报告中可直接查看总的评定的结果是否通过，也可以看到每一种缺陷的计算结果。

⑥ 有鞍座向导功能，可以快速创建各种形式的鞍座模型，并且可以直接考虑各种不同的载荷工况。

(2) 开孔接管计算案例

已知内径为2000mm、壁厚为16mm的筒体，筒体上有内径为1400mm、壁厚为18mm的接管，内压为0.6MPa，计算开孔接管的强度。

步骤1：启动NozzlePRO软件，新建一个项目并保存到相应文件夹中，在软件界面中选择单位制，默认为英制单位，这里使用SI单位制（国际单位制），将单位转化为国际单位显示，如图5-54。

步骤2：选择基本的结构，这里选择圆筒体，并输入相应的尺寸，如图5-55所示。这里可以选择圆柱、半球封头、椭圆封头、碟形封头、锥形封头等，选择后在软件界面中会提示输入相应的尺寸参数。

步骤3：选择接管形式并输入相应的尺寸，如图5-56所示。

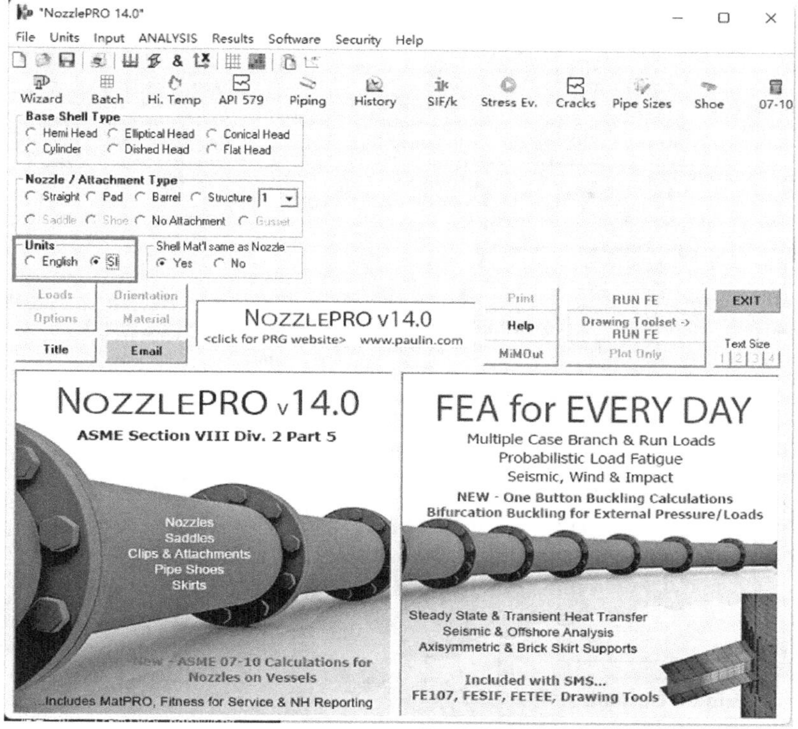

图 5-54　单位显示修改

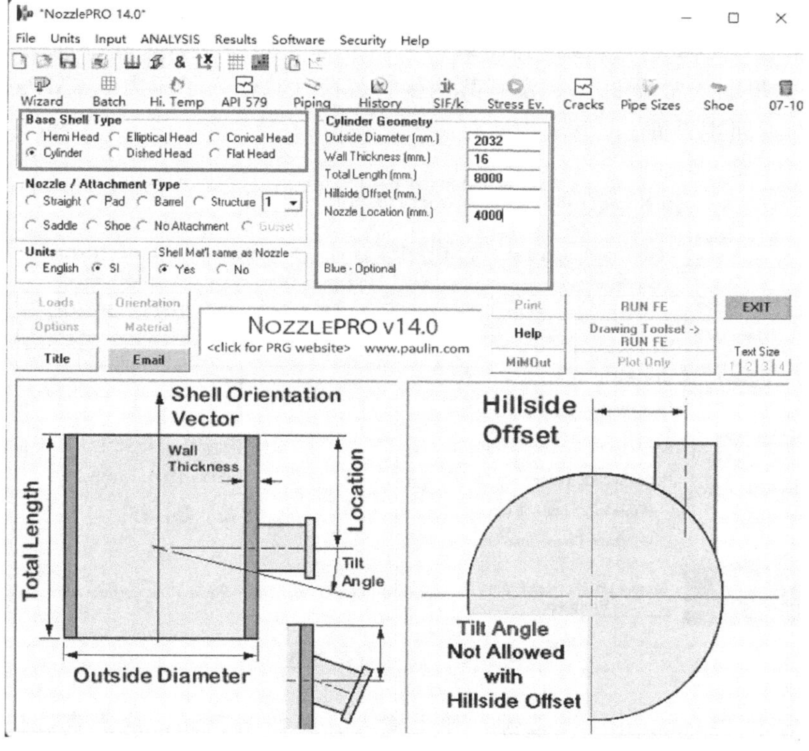

图 5-55　选择筒体基本形状及输入参数

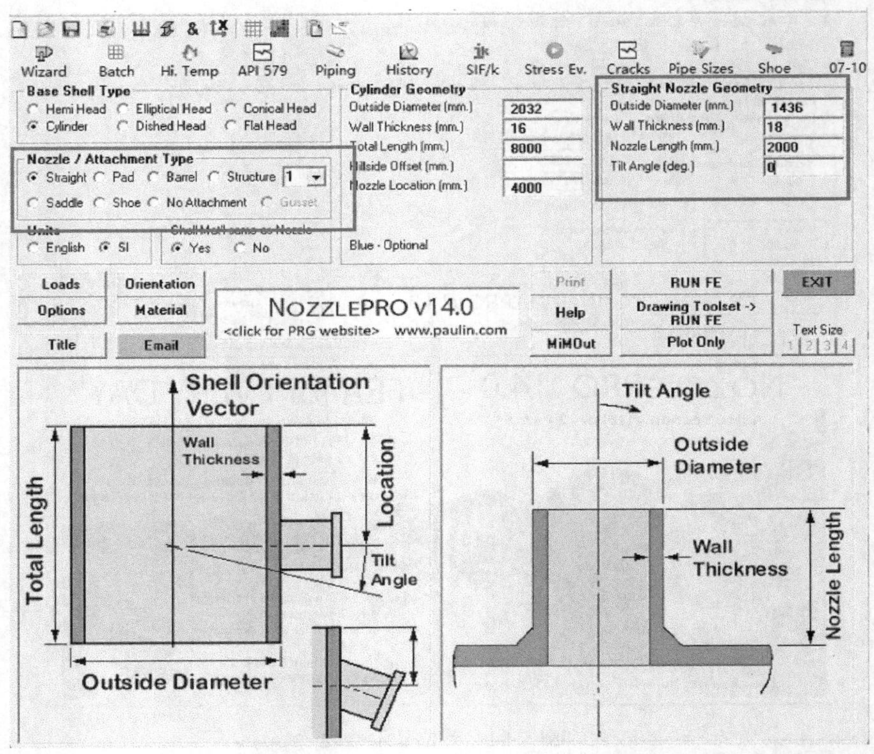

图 5-56　选择接管形式及输入参数

步骤 4：点击“Loads”按键，弹出载荷输入界面，如图 5-57，在界面中输入温度压力载荷等参数，这里输入常温 20℃，没有其他接管载荷，只输入了压力 0.6MPa，输入完成后点击“O. K.”返回主界面。

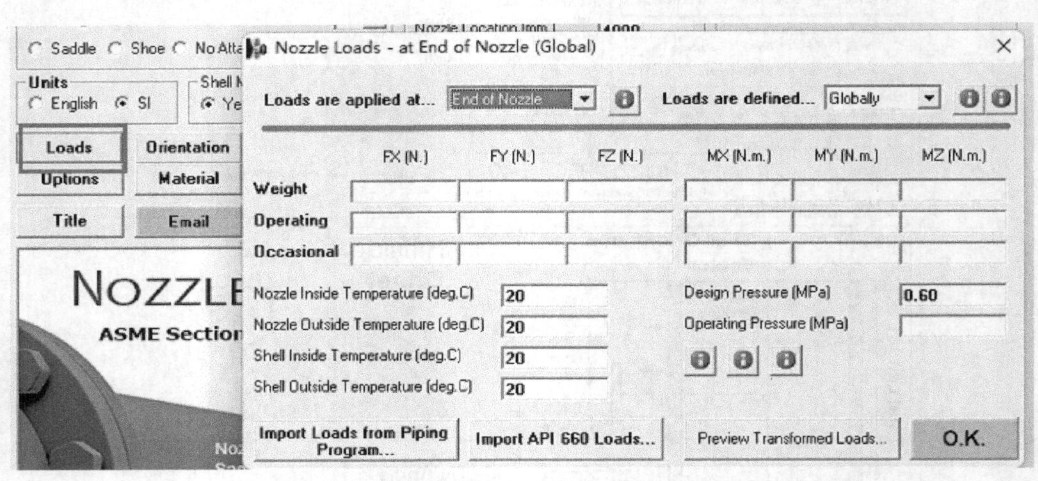

图 5-57　输入载荷参数

步骤 5：点击“Orientation”按键，弹出输入界面如图 5-58，这里直接按照默认参数，也可以按实际输入，输入完成后点击“O. K.”返回主界面。

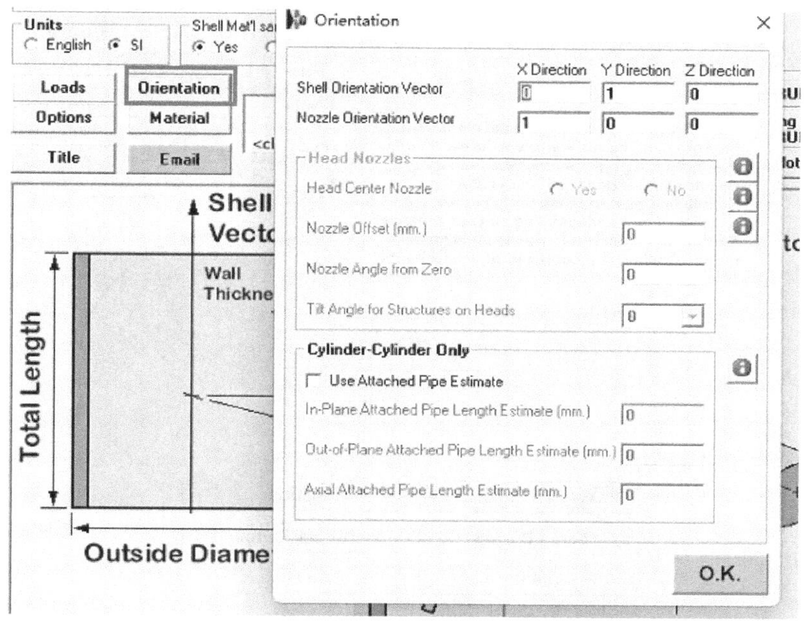

图 5-58　确定模型方位

步骤 6：输入材料，这里筒体和接管采用相同的材料，点击图中筒体和接管材料一致的选项点“Yes”，点击“Material”按键，弹出输入界面如图 5-59，这里可以选择软件材料库中提供的材料，也可以按实际输入材料的相关参数，输入完成后点击“O. K.”返回主界面。

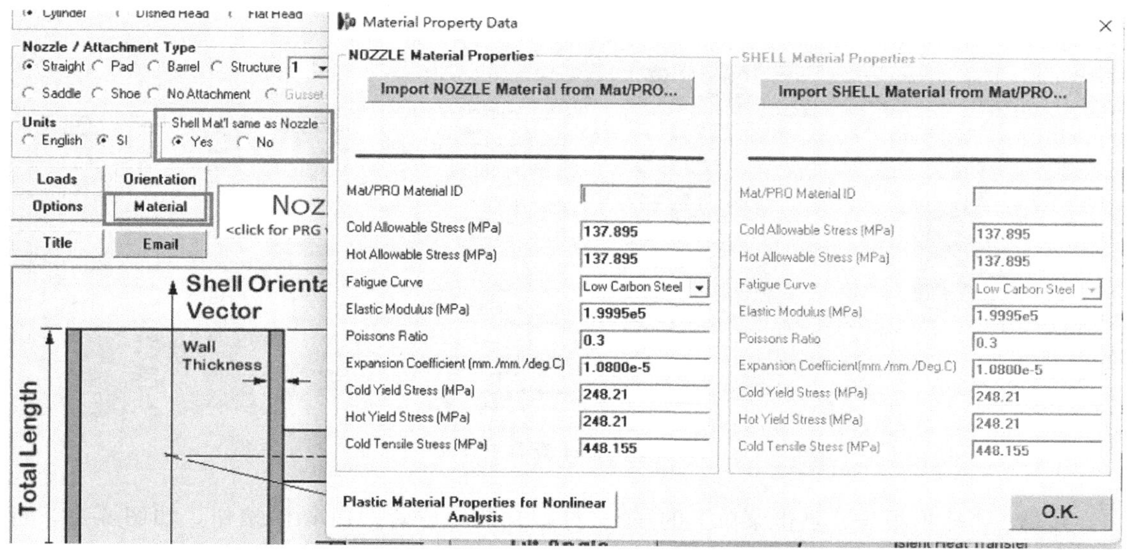

图 5-59　输入材料

步骤 7：计算运行，点击“RUN FE”按键如图 5-60，弹出一些提示界面，阅读提示后点击“O. K.”进行计算，等待 3～5min。

步骤 8：查看结果，计算完成后弹出对话框界面如图 5-61，在界面中点击相应按键，弹出对应的计算结果，在软件中也输出相应的计算结果如图 5-62。

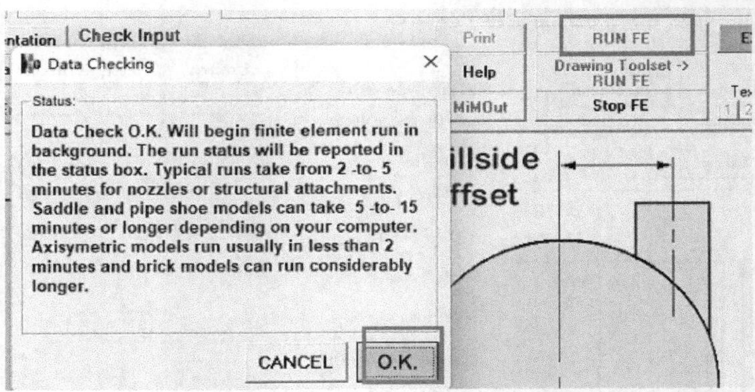

图 5-60　计算运行

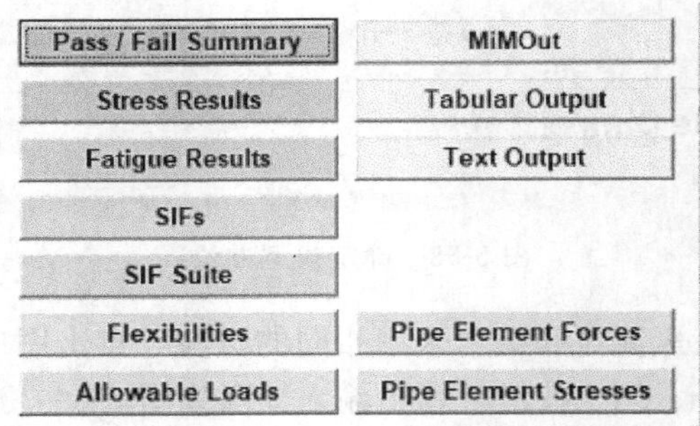

图 5-61　结果查看对话框

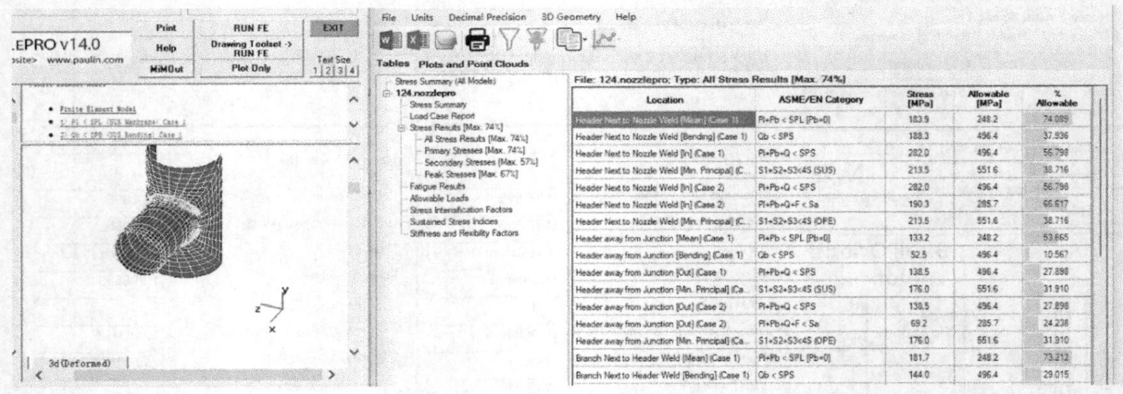

Location	ASME/EN Category	Stress [MPa]	Allowable [MPa]	% Allowable
Header Next to Nozzle Weld [Mean] (Case 1)	Pl+Pb < SPL [Pb=0]	183.9	248.2	74.089
Header Next to Nozzle Weld [Bending] (Case 1)	Qb < SPS	188.3	496.4	37.936
Header Next to Nozzle Weld [In] (Case 1)	Pl+Pb+Q < SPS	282.0	496.4	56.798
Header Next to Nozzle Weld [Min. Principal] (C...	S1+S2+S3<4S (SUS)	213.5	551.6	38.716
Header Next to Nozzle Weld [In] (Case 2)	Pl+Pb+Q < SPS	282.0	496.4	56.798
Header Next to Nozzle Weld [In] (Case 2)	Pl+Pb+Q+F < Sa	190.3	285.7	66.617
Header Next to Nozzle Weld [Min. Principal] (C...	S1+S2+S3<4S (OPE)	213.5	551.6	38.716
Header away from Junction [Mean] (Case 1)	Pl+Pb < SPL [Pb=0]	133.2	248.2	53.665
Header away from Junction [Bending] (Case 1)	Qb < SPS	52.5	496.4	10.567
Header away from Junction [Out] (Case 1)	Pl+Pb+Q < SPS	138.5	496.4	27.898
Header away from Junction [Min. Principal] (Ca...	S1+S2+S3<4S (SUS)	176.0	551.6	31.910
Header away from Junction [Out] (Case 2)	Pl+Pb+Q < SPS	138.5	496.4	27.898
Header away from Junction [Out] (Case 2)	Pl+Pb+Q+F < Sa	69.2	285.7	24.238
Header away from Junction [Min. Principal] (Ca...	S1+S2+S3<4S (OPE)	176.0	551.6	31.910
Branch Next to Header Weld [Mean] (Case 1)	Pl+Pb < SPL [Pb=0]	181.7	248.2	73.212
Branch Next to Header Weld [Bending] (Case 1)	Qb < SPS	144.0	496.4	29.015

图 5-62　结果查看主界面

步骤 9：输出报告，点击菜单上的 （打印）按钮或者“Print”按钮，如图 5-63，可输出网页版本的计算报告。

5.2.4　其他常用软件简介

（1）NSAS

NSAS（nozzle strength analysis system）压力容器管口强度分析软件是由北京希格玛

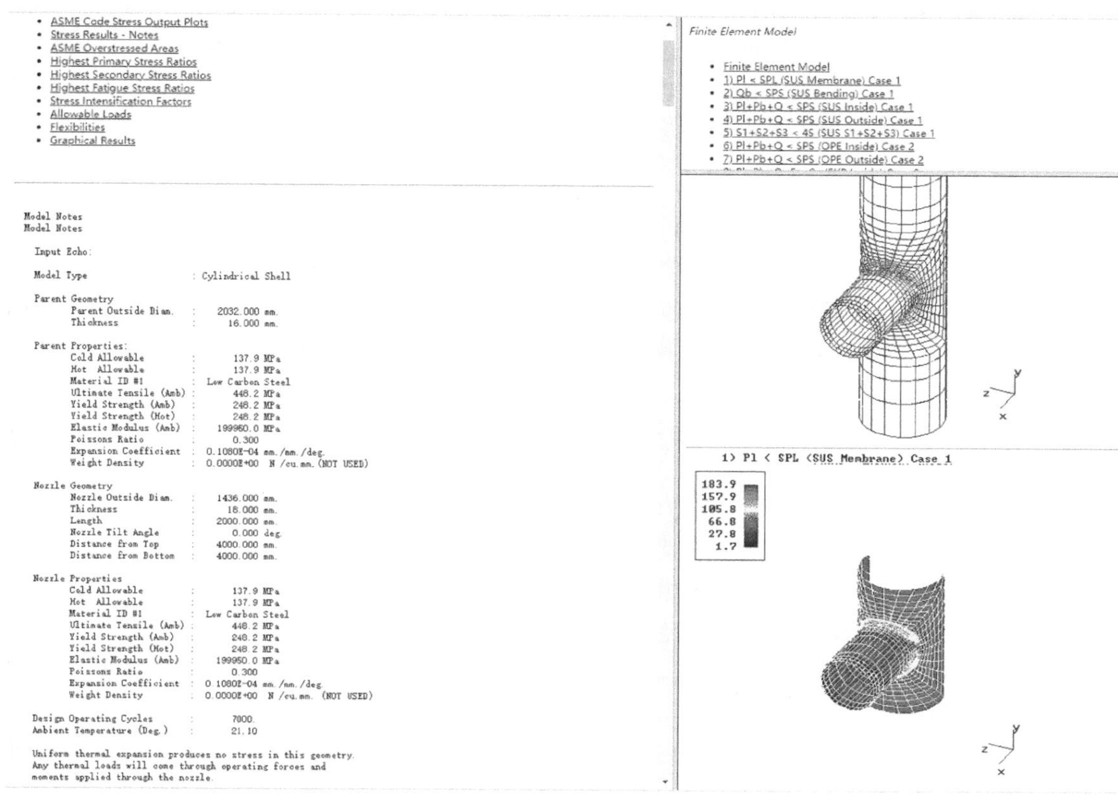

图 5-63　计算报告

仿真技术有限公司开发的专用有限元计算软件，可对压力容器设计行业中各种常见的壳体管口进行局部应力分析及强度评定。NSAS 软件操作界面简单，结合压力容器工程师设计工作的特点，将有限元分析过程进行了整合，可自动依据相关标准出具应力分析报告，大幅提高压力容器工程师的工作效率，是一款压力容器工程师得力的辅助设计软件。

NSAS 目前提供了柱壳开孔，正锥开孔，碟形、半球形、椭圆形封头开孔，平盖上开孔等 6 大类壳体上的各向管口（柱壳径向、偏心和任意角度斜接管，正锥径向、法向和偏心接管，各封头轴向、法向和偏心接管，垂直和倾斜接管）的应力分析模型；在接管与壳体连接的焊缝区，提供了倒角和倒圆两种外形细节的参数控制；各模型均提供了无补强、补强圈补强和整体锻件补强等三种接管补强形式；载荷形式包括了内压和管口载荷（三向力和三向力矩）；对实际工程设计中遇到的大部分壳体管口，均可自动建立有限元模型并进行应力分析和强度评定。

NSAS 界面结合压力容器工程师工作流程得到了优化，用户只需根据管口与壳体连接形式选择相应的模块，输入几何、材料、载荷参数，软件即可自动建立有限元模型并进行应力分析计算，用户无须学习通用有限元软件使用中需要的从底层建立几何模型、网格划分等内容，便可快速掌握软件的使用方法。软件对模型有限元网格划分、加载计算、结果后处理及应力分析报告的生成均能自动优化完成。应力分析计算完成后程序自动选取危险路径进行应力线性化处理，并依据 JB 4732—1995《钢制压力容器——分析设计标准》（2005 年确认）进行应力分类与校核，最终自动生成翔实的应力分析计算报告。整个过程均由该公司开发的独特的有限元计算模块快速完成，无须人工干预。

NSAS 无论在工程项目报价阶段还是详细设计阶段均可使用，计算简单快捷，既可以对壳体上管口进行局部应力强度校核，也可以在设备整体应力疲劳分析前对各个管口的局部进行初步校核试算，可以大大提高压力容器工程师进行应力分析工作的效率。

（2）LANSYS

LANSYS 是兰州蓝森石化技术有限公司开发的设计软件，它按 GB/T 150、GB/T 151、GB/T 16749、GB/T 12337、HG/T 20569 及有关基础标准等进行编制，在尊重原标准及行业习惯的原则下进行了合理的分类，80 多种零件项（计算项）归纳为壳与封头、平盖与法兰、换热器零件、非圆形截面容器、筒体端部五类，设备类包括换热器、卧式容器、直立容器、球形储罐、搅拌器等几大类。

LANSYS 以用户为中心运作。用户可以选择需要的设备，并可添加零件，更可以组合零件建立自己的设备，甚至零件名称也可由用户命名。

LANSYS 拥有强大快速的计算功能，同页集成数据输入、图形提示、计算结果等，让用户所见即所得，重要的中间数据也能同时看到，直观高效。

带页标签的工作簿式设计，使计算项之间的切换准确快捷，如同翻看设计书一样，而且计算项计算通过后页标签图标将由红色变为绿色。

具有输入数据缺省值设置、标准元件数据套用功能（如法兰、型钢），不仅降低了用户工作强度，也为用户提供了参考数据。

LANSYS 可以自动产生规范化格式的，加入封面、目录及图形公式甚至表格的设计计算书，方便用户存档。

LANSYS 具有强大的项目文件组织管理功能，如多文档功能、复制粘贴功能、排序删除功能等。项目文件包括计算内容、计算模式、输入输出数据及报告，这些内容均由 LANSYS 自主管理，无须第三方软件支持，文件非常小，通常只有 10KB 左右。

LANSYS 合乎标准的专业纠错提示，可以使用户的疏漏减为最少，如管板管孔数太多，LANSYS 也能提示纠错。

设备项目中各计算项的设计压力、设计温度、公称直径、压力试验类型四项数据相互关联，一经修改，相关计算项全部动态产生计算结果。它可以自动计算各部件的试验压力，以最小值作为设备的试验压力。

具有翔实的 LANSYS 帮助，帮助尽可能引用标准原文原图，用户能在得到准确帮助的同时，熟悉标准本身。

具有材料录入与管理功能，用户可以方便地使用标准以外的材料。

LANSYS 于 1999 年 7 月顺利通过了全国锅炉压力容器标准化技术委员会计算机应用分技术委员会的测试评审，评审认为 LANSYS 采用先进的软件编程技术，在软件界面友好性、操作方便性、外部材料数据库建立及标准零件数据库和计算文档管理等方面具有自己的特色，在国内同类软件中具有先进水平。

第6章　现代设计方法

6.1　概述

设计是为了满足人类与社会的要求，将预定的目标通过创造性思维，经过一系列规划、分析和决策等技术系统的活动，获得包括以文字、数据、图形等信息的技术文件的行为。通过实践可以将设计转化为某项工程，通过制造可以将设计转化为产品。随着科学技术和生产力的不断发展，设计和设计科学不断向更深更广的层次发展，设计的内容、要求、理论和手段等不断更新，内涵和外延不断扩大，设计不再仅仅考虑构成产品的物质条件和功能需求，而是成为综合了经济、社会、环境、人机工程学、人的心理、人的文化层次等多种因素的系统设计。从设计内容上看，设计贯穿了产品从孕育到消亡的整个生命周期，涵盖了需求获取、概念设计、技术设计、详细设计、工艺设计、营销设计及回收设计等设计活动，并把实验、研究、设计、制造、安装、使用、维修作为一个整体来进行规划。

现代设计方法是随着科学技术的飞速发展和计算机技术的广泛应用发展起来的新兴多元交叉学科，是在20世纪60年代为了适应市场激烈竞争的需要、提高设计质量和缩短设计周期，在设计领域发展起来的新兴学科的集成。网络经济时代和全球化经济进程的加速迫使企业面对全球化的大市场，参与国际市场的竞争，企业间的合作越来越广泛。为了资源共享，支持企业实施异地协同设计，形成跨地区的联合设计，需要形成超越空间约束的分散网络设计开发系统，以进行动态联盟组织的设计和制造活动。从目前的发展趋势看，由于科学技术的飞速发展，新的领域不断被开辟出来，新技术不断涌现，促进了经济的高速发展，企业间的竞争已成为世界范围内技术水平、经济实力的全面竞争。同时，人类随着生活水平的提高和对客观世界的探索越来越深，对产品的要求也愈来愈高，产品的种类越来越多。

相比传统设计，现代设计有以下特点：

① 设计要求由单目标走向多目标；

② 设计涉及的学科面向多学科；

③ 设计对象由单机走向系统；

④ 设计周期大幅度缩短；

⑤ 适应计算机技术和网络技术的发展。

现代设计考虑的产品、人、环境和社会为一个完整的系统，从系统角度来全面考虑各方面的问题，既要考虑产品本身，还要考虑其对系统和环境的影响；不仅要考虑技术领域，还要考虑经济、社会效益；不但要考虑当前，还需考虑长远发展。例如过程设备设计，不仅要考虑过程设备本身的技术问题，还要考虑安全、环保、可持续性发展社会条件限制等问题。因此现代设计技术是融合了自然科学、社会科学、人类工程学，以及多种艺术设计的新兴集成技术。

6.2 创新设计

创新是设计的本质，是能为人类社会的文明与进步创造出有价值的、前所未有的全新物质产品或精神产品的活动，是人类文明进步的原动力，是技术进步、经济发展的源泉。创新是设计的最终目标。

现代设计方法中强调设计者用创造性思维与创造原理，设计出更具竞争力的产品。创造性思维是创造发明的源泉和核心；创造原理是建立在创造性思维之上的人类从事创造活动的途径和方法的总结；创新技术方法则以创造原理为指导，是人们在实践的基础上总结出的从事发明创造的具体操作步骤和方法，是进行创造发明和创新设计的理论基础。

6.2.1 创新设计基础

(1) 创造性思维

创造性思维是通过直觉、灵感（顿悟）、推理、实践而形成的高级思维过程，是智慧的升华，是智力、想象力的高级表现形态，也是思维本身的创新。工程设计是在科学理论与设计方法的指导下，为满足客观需求而将内在驱动力与创新活动的外在动力结合，在创造活动中表现出来的一种从瞬间灵感和想象中产生、具有独创性新成果的、高级且复杂的思维活动。创造性思维具有综合性、跳跃性、新颖性、潜意识自觉性、顿悟性、流畅性、灵活性等的积极思维，主要有直觉思维与逻辑思维两种形式，大量的创造过程都是这两种思维方式交叉和综合的结果。

直觉思维是人脑基于有限的信息，调动已有的知识积累，摆脱惯常的逻辑思维规律，对新事物、新现象、新问题进行的一种直接、迅速、敏锐的洞察和跳跃式的判断，是一种在潜意识状态下，对事物内在复杂关系突发式的领悟过程。逻辑思维是人们根据所提出的创造目标，通过逻辑推理，把目标展开、分解和综合，寻求各层分目标的解，然后找出最终整体解的思维，可用主动的、按部就班的工作方式向目标逼近。

创造性思维相比于传统思维，更具有敏锐性、独创性、多向性、跨越性和综合性。因此创造性思维过程一般经历三个阶段：①围绕问题搜索信息，使问题和信息在脑细胞及神经网络中留下印记的储存准备阶段，使信息概括化和系统化，了解问题的性质、关键点等，同时开始尝试和寻找解决方案；②围绕问题进行积极的思索，为产生新的信息而运作的酝酿加工阶段，认识事物的本质；③有意无意地突然出现某些新的形象、新的思想，使一些长久未能解决的问题在突然之间得以解决的顿悟阶段。

(2) 创造原理

创造原理是建立在创造性思维之上的人类从事创造活动的途径和方法总结，主要有综合创造原理、分离创造原理、移植创造原理等。

① 综合创造原理　是将创造目标的各个部分、各个方面和各种因素联系起来加以考虑，从整体上把握事物的本质和规律的一种思维法则。

② 分离创造原理　是把创造目标科学地分解或离散，从复杂现象中看问题的本质，把问题暴露出来，抓住主要矛盾进行创造的方法。

③ 移植创造原理　是吸取另一领域的科学技术，渗透到其他领域开发新产品的方法。

④ 还原创造原理　指回到最初创造的基本点或出发点，进行创新思考的一种创造模式。

⑤ 价值优化原理　是在开发产品时注意从功能分析着手，实现必要功能，去除多余功能和过剩功能的方法，既满足用户需要，又降低成本，将产品设计问题变为用最低成本向用户提供必要功能的问题，即创造具有高价值的产品。

(3) 创新技术方法

创新技术方法是通过研究有关创造发明的心理过程，总结、提炼出人们在创造发明、科学研究或创造性地解决问题的实践活动中采用的有效方法和程序的总称，其本质就是开拓性和创新性方法，具有可操作性、可思维性、技巧性、探索性和独创性等基本特点。创造过程既是一个客观的实践过程，又是一个微观的心理过程，复杂程度很大，必须有正确的途径和科学的方法，特别是在现代科学技术发展突飞猛进、新领域问题不断增多、难度不断增大的情况下，掌握创新技术方法更为重要。由于创新技术方法的复杂性，其理论体系至今还不够成熟，然而创新技术方法的开发、普及和发展在现代还是十分迅速的，特别是自人机系统的开发和应用以来，创新技术的发展更为迅速，迄今为止已有数百种。对市场上现有产品进行分类，从中找出与之相应的创新技术方法，是创新设计的重要环节。

① 系列类新产品创新设计法　系列类新产品是同类产品规格、样式、品种的扩展，新产品有利于扩大产品的市场占有率，比较容易进入市场，所需投入的技术和设计开发费较少。系列类产品创新设计法又可分为对已有系统的各种特征进行深入的分析，寻找出改善已有系统的系统分析法，通过寻找原设计或产品的缺点与不足，提出改进方案并进行创新设计的缺点列举法，以及系统质疑法、反面求索法等。

② 模仿改进类新产品设计法　即通过对原有产品进行改进结构、增加功能、扩大使用范围、提高质量等来赢得市场和用户。此法的设计开发费用也不大，主要有相似类比法、设问法、抽象类比法和模型技术法等。相似类比法是根据事物在构成、功能、组织、形态、本质等方面可能存在的程度不同的相似与相像之处，从异求同或从同求异，通过相似类比与联想而实现创新的一种方法。设问法是针对原产品在设计、制造、销售等环节存在的不足，提出各种问题，从而找到产品的改进方向的一种方法。

③ 组合新产品创新设计法　即对两种或多种产品的部分结构，或技术组合，或增加新附件进而产生新产品的方法。常见的有组合创新法、形态矩阵法。组合创新法指集成两个以上性能、功能或原理等技术因素，形成具有创新性技术的创新设计方法。形态矩阵法则是按

功能、材料等分解复杂问题为若干独立因素，以独立因素的目标标记和对应目标标记的原理构成形态学矩阵，再由形态学矩阵得到产品的许多不同的构造方案，从中找出最优组合，实现产品优化的方法。利用法和借用法也属于组合新产品创新设计法。

④ 高新技术创新设计法　即采用高新技术及新材料、新工艺，实现设计方案的创新与突破，以获得高附加值的产品的方法。这种方法需要一定数量的最新专利技术，并投入较多的资金进行技术研发，风险也较大。它包括专利利用法、移植法和仿生法等。专利利用法是将有用的专利技术设计到新产品中，使之成为高新技术产品的方法；移植法是将某一领域里成功的科学技术、发明成果或方法应用于另一领域的创新技术方法；仿生法是通过对生物某些特性进行分析，应用仿生学原理设计出新产品的一种创新方法。

6.2.2　过程设备创新设计

设计时应从实际出发，调查研究，综合运用多学科知识，跟踪学科的发展，特别是新材料、先进制造技术、新设计方法和控制技术，在设计、制造、安装、调试和使用中及时发现问题，反复修改，以取得最佳效果，并从中积累设计经验。过程设备创新主要包括以下内容：

① 工作原理创新设计。

② 制造工艺、结构和材料创新，以提高综合技术性能的设计。

③ 加强辅助功能的创新设计。

6.3　可靠性设计

可靠性是表示设备功能在规定条件和规定时间内的稳定程度的特性，是衡量机电产品质量的一个重要指标。可靠性设计就是事先考虑产品可靠性目标的一种设计方法。随着科学技术的发展，机电设备的功能越来越强大，结构越来越复杂，对性能要求越来越高。因此，可靠性研究越来越受到重视。

6.3.1　可靠性的定义

按我国国家标准，可靠性定义为“产品在规定条件下和规定时间内完成规定功能的能力”。可靠性定义包含五个要素：

①“产品”指作为单独研究和分别试验对象的任何元器件、设备和系统。如果对象是一个系统，则不仅包括硬件，也包括软件和人的判断及操作等因素。

②“规定条件”是指产品的使用、维护、环境和操作条件，这些条件对产品可靠性有着直接的影响。

③“规定时间”是可靠性定义中的核心。产品的可靠性只能在一定的时间范围内达到目标可靠度，不可能永远保持目标可靠度而不降低。

④“规定功能”通常用产品的各种性能指标来表示，如换热器的传热系数、搅拌设备的搅拌效率等。不同的产品其规定功能是不同的，产品的可靠性与规定功能有着密切的联系，一个产品往往具有若干项功能。完成规定功能是指完成这若干项功能的全体，而不是指其中

一部分。产品达到规定的性能指标（有时使用一定时间后产品的性能指标允许比出厂时降低一些）或实现一定功能后没有损坏就算完成规定功能，否则称该产品丧失规定功能。一般把产品丧失规定功能的状态称为产品失效。

⑤“能力”不仅有定性的含义，在可靠性判断时还必须有定量的规定，以便说明产品可靠性的程度。这对于提高产品可靠性、比较同类产品的可靠性都是重要的依据。

产品的可靠性由固有可靠性和使用可靠性两部分组成。固有可靠性是在产品设计制造过程中已经确定，并最终在产品上得到实现的可能性。产品的固有可靠性是产品的内在性能之一，产品一旦设计完成并按要求生产出来，其固有可靠性就被完全确定。使用可靠性是产品在使用中的可靠性，它往往与产品的固有可靠性存在着差异。这是由于产品生产出来后要经过包装、运输、储存、安装、使用和维修等环节，且使用中实际环境与设计所规定的条件往往不一致，使用者操作水平与维修条件也不相同。通常，固有可靠性高、使用条件好的产品使用可靠性就高。一般产品的可靠性近似等于固有可靠性和使用可靠性的乘积。应用概率论与数理统计理论对产品的可靠性进行定量计算，是可靠性理论的基础。

6.3.2　可靠性评定指标

产品可靠性的设计、制造、试验和管理等多个阶段中都需量化，才能对各种产品的可靠性提出明确的要求，这些要求即产品的各类可靠性指标。根据可靠性指标，在产品规划、设计和制造时就可以根据可靠性理论，预测和分配它们的可靠性；在产品研制出来后，就可按一定的可靠性试验方法鉴定它们的可靠性或者比较各种产品的可靠性。度量、评定可靠性的常用指标有可靠度、累积故障概率（又称累积失效概率）、失效率、平均寿命、有效寿命、可靠寿命、维修度和有效度等。

① 可靠度（reliability）和累积失效概率　可靠度是指产品、系统在规定的条件下和规定的时间内完成规定功能的概率。可靠度愈大，说明产品或系统完成规定功能的可靠性愈大，即愈可靠。可靠度是时间的函数，称为可靠度函数，表示为 $R(t)$。设有 N 台相同的设备，在规定的工作条件下和规定的时间内，当工作时间为 t 时，有 $n(t)$ 个失效，其余 $N-n(t)$ 个仍正常工作，则其可靠度的估计值为：

$$R(t)=[N-n(t)]/N$$

式中，$R(t)$ 也称为存活率。

当 $N\to\infty$ 时，$\lim\limits_{N\to\infty}R(t)=1$ 即为该产品的可靠度。取 $F(t)=1-R(t)$，式中，$F(t)$ 为累积失效概率，简称失效概率。

累积失效概率，是指产品在规定条件下和规定时间内丧失规定功能的概率。为了表征故障概率随着寿命变化的规律，取时间 t 为横坐标，以失效频率除以组距的商 $\Delta n(t)/(N\Delta t)$ 为纵坐标画出失效频率直方图，如图 6-1 所示。N 为试件的总数，$\Delta n(t)$ 表示在 $[t, t+\Delta t]$ 时间内失效的件数。随着 N 的增大和组距 Δt 的减小，直方图顶端形成平滑曲线，将该曲线所表示的函数称为失效概率密度函数，用 $f(t)$ 来表示。

② 失效率　工作到某个时刻尚未失效的产品，在该时刻后单位时间内失效的概率，记为 $\lambda(t)$，其数学表达式为：

$$\lambda(t)=\lim_{\substack{\Delta t\to 0\\ N\to\infty}}\frac{n(t+\Delta t)-n(t)}{[N-n(t)]\Delta(t)}=\frac{\mathrm{d}n(t)}{[N-n(t)]\mathrm{d}t}$$

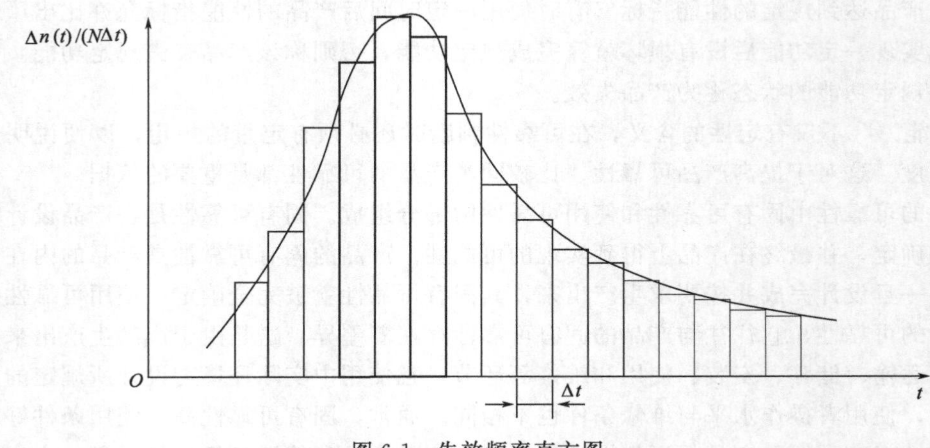

图 6-1　失效频率直方图

式中，N 为产品总数；$n(t)$ 为 N 个产品工作到时刻 t 的失效数；$n(t+\Delta t)$ 为 N 个产品工作到 $t+\Delta t$ 时刻的失效数。

其中：

$$\lambda(t)=\frac{f(t)}{R(t)}$$

$$\lambda(t)=-\frac{\mathrm{d}R(t)}{R(t)\mathrm{d}t}$$

简单地说，失效率就是产品在时刻 t 后的一个单位时间内失效的产品数与在时刻 t 仍工作的产品数的比值。失效率可以更直观地反映每一时刻的失效情况。前面提到的失效概率密度反映的是产品在时刻 t 附近的一个单位时间内的失效数与起始时刻的工作产品总数 N 的比。因此，失效概率密度主要反映产品在所有可能工作的时间范围内相对于起始时刻的失效分布情况。对于任意时刻而言，用失效概率密度函数来反映瞬时失效的情况，往往显得不够灵敏，而用失效率这个概念正好可以克服这一缺点。因此，失效率是标志产品可靠性常用的指标之一。失效率愈低，则可靠性愈高。

③ 平均寿命　对于不可修复的产品，从开始工作到发生故障的时间（或工作次数）称为平均无故障时间（MTTF）；对于可修复的产品，寿命期内累计工作时间与故障次数之比称为平均无故障工作时间（MTBF）。平均无故障时间与平均无故障工作时间统称为平均寿命，记为 θ。它是产品寿命随机变量的数学期望。

④ 有效寿命　在可靠性研究中把失效过程划分为早期失效期、随机失效期和耗损失效期三个阶段。

早期失效期是递减型的，通常是由于设计不妥当、制造有缺陷、检验疏忽等引起的。在新产品研制的初期通常遇到的是早期失效。但有些产品的早期失效不是由于上述原因，而是由于产品本身的性质引起的。一般来说，早期失效可以通过强化实验来排除，并应找出不可靠原因。

随机失效期的失效率 λ 为常数，与时间 t 无关。随机失效是产品在使用过程中因随机原因而引起的偶然失效，这种失效无法用强化实验来排除，即使采用良好的维护措施也不能避免。这个时期是系统的主要工作期，设备工作时间长，失效率恒定，是设备处于最佳工作状态的时间，称为有效寿命。

耗损失效期，是产品由于老化、磨损、损耗、疲劳等原因引起的失效阶段，其特点是失效率迅速上升，且发生在产品使用寿命后期。改善耗损失效的方法是不断提高零部件的工作寿命。对于工作寿命短的零部件，在整机设计时就要制定一套预防性的维修措施，在达到耗损失效期前，及时检修或更换。这样，就可以降低失效率，延长可维修设备和系统的实际寿命。

⑤ 可靠寿命　可靠度等于给定值 r 时的产品寿命称为可靠寿命，记为 t_r，其中 r 称为可靠水平。这时只要利用可靠度函数 $R(t_r)=r$，反解出 t_r，得

$$t_r=R^{-1}(r)$$

t_r 称为可靠度 $R(t_r)=r$ 时的可靠寿命。

⑥ 维修度　指产品在给定的条件和时间内，按规定的方式和方法进行维修时，能使产品保持和恢复到良好状态的可能性，是产品维修性的一个度量指标。度量维修性的常用指标有：维修度、平均修复时间、恢复率等。

⑦ 有效度　提高可靠性的作用是延长产品能正常工作的时间，提高维修性的作用是减少维修时间，减少不能正常工作的时间。若将两者综合起来评价产品的利用程度，可以用有效度来表示。

6.4 基于损伤模式的压力容器设计

机械装备的失效与破坏问题一直受到研究人员的重视，关于设备破坏的描述主要涉及失效（failure）、损伤（damage）、断裂（fracture）等内容。实际上，三者在内涵和外延上既有较大差异，又具有一定的相通性。失效，一般是指机器或零部件丧失了预期的功能，通常用于描述产品寿命周期的最终状态，如容器的泄漏、传动轴的断裂、催化剂的失活等。损伤，一般指机器或零部件的预期功能和性能蜕化或降低的现象，但损伤目标主体并未失去预期的功能和能力，它往往描述了产品寿命周期的过程状态。断裂，通常指物体或材料在外载荷下分离成为两个或多个部分。从外延上来说，失效描述了损伤的最终状态，在某些情况下（如承受外力）设备的失效往往表现为断裂，使得断裂也可能是损伤的最终状态之一。载荷导致的设备或零部件的损伤和失效具有密切关联，损伤代表了失效的成因并描述了整个物理过程，二者具有相通性和可替代性。在强度设计上，失效状态往往代表了安全与否的临界判据，损伤参量则往往作为失效发展动力学的数学度量。

6.4.1 筛选分析准则

筛选分析（screening analysis）的目的是开展设计方法适用性的预先评估，并确定初步结构评价中所用到的分析类型和内容，它是对结构初步设计、采购交货期较长的材料（如锻件）必须开展的环节。筛选分析对于高温等极端环境下的压力容器等尤为重要，主要是因为初始阶段的迭代设计、识别结构中需要进行详细非弹性分析的部位等，基于线弹性和简化非弹性分析方法一般会得到较为保守的结果。典型的筛选分析一般包括以下内容：初始的线弹性分析（包括一次或多次迭代设计），并与考虑制造、环境影响等因素修正的设计极限进行比较。如果不满足弹性分析条件下的设计极限，则可以采用简化非弹性分析方法，并与对

应的设计极限进行对比。简化非弹性分析方法包括：参考应力法、二维/三维结构的一维近似法或者简化材料模型等。筛选分析的简单流程如图 6-2 所示。非弹性分析的程度需要等到筛选分析完成后确定。然而，设计人员需在结构评价计划中标明需要进行详细非弹性分析的区域，以及实际分析的预期程度。另外，设计人员可以修正结构评价计划以涵盖满足设计准则所需的非弹性分析。如需其他替代方法，也应给出证明替代技术和方法可行的方案与流程。

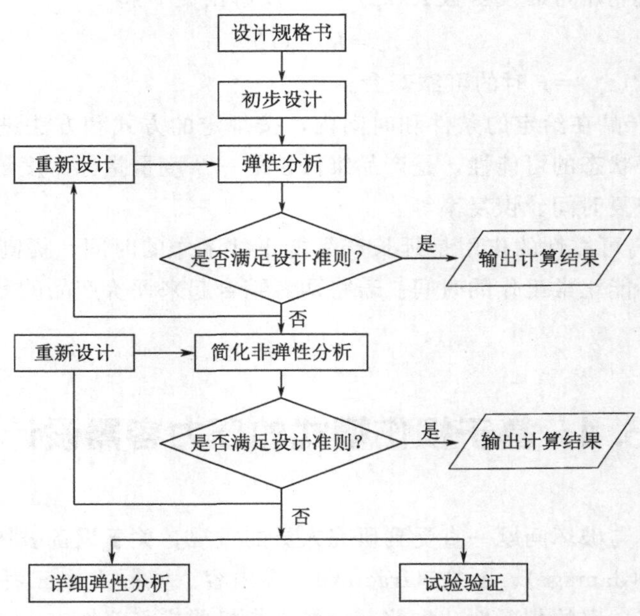

图 6-2　压力容器强度设计路线的筛选准则

6.4.2　面向损伤模式的设计流程

设计条件下压力容器的总体行为是弹性变形，允许局部塑性变形，因此早期和传统的标准设计一般是弹性分析和满足失效爆破准则。在更先进的弹塑性有限元技术出现之前，大部分设计计算都使用弹性应力分析。规范所提出的多数失效标准都是针对塑性失效的，弹性分析标准通常比弹塑性分析标准更加保守，但是在高温下金属材料会发生蠕变并导致新的失效模式，如蠕变断裂、蠕变疲劳和蠕变棘轮等，而这些失效模式在压水堆和非核容器的设计规范中均未考虑。最初高温设计规则是作为一系列规范案例出现的，它们最终形成了 ASME BPVC 第Ⅲ卷 NH 分卷。ASME BPVC. Ⅲ. NH 分卷提供了面向压力容器不同失效模式的强度设计方法，包括蠕变、疲劳、安定与棘轮效应、蠕变-疲劳、蠕变屈曲、松弛等失效模式，见表 6-1。围绕表 6-1 所示的失效模式，ASME 标准提供了相应的设计分析方法，具体如图 6-3 所示。可以看出，低于蠕变范围时的损伤模式（疲劳或弹塑性断裂），主要依托Ⅲ. 5 分卷；而对于蠕变范畴下的高温压力容器，分为载荷控制的应力限制及变形控制限制。载荷控制的应力限制设计，主要是依赖于时间相关的许用应力；变形控制限制包括塑性、蠕变和棘轮效应、蠕变-疲劳耦合损伤及屈曲分析。

表 6-1　ASME BPVC. Ⅲ.5 卷所考虑的压力容器主要失效模式及分析方法

序号	失效模式	分析方法		
		弹性分析	非弹性分析	
1	蠕变	√	—	
2	疲劳	√	√	
3	安定与棘轮效应	√	√ （Ⅲ.5）	√ 理想弹塑性方法
4	蠕变-疲劳	√	√ （Ⅲ.5）	√ 理想弹塑性方法
5	蠕变屈曲	—		√
6	松弛	√		—

注：√表示提供了对应的分析方法，—表示未提供对应的分析方法。

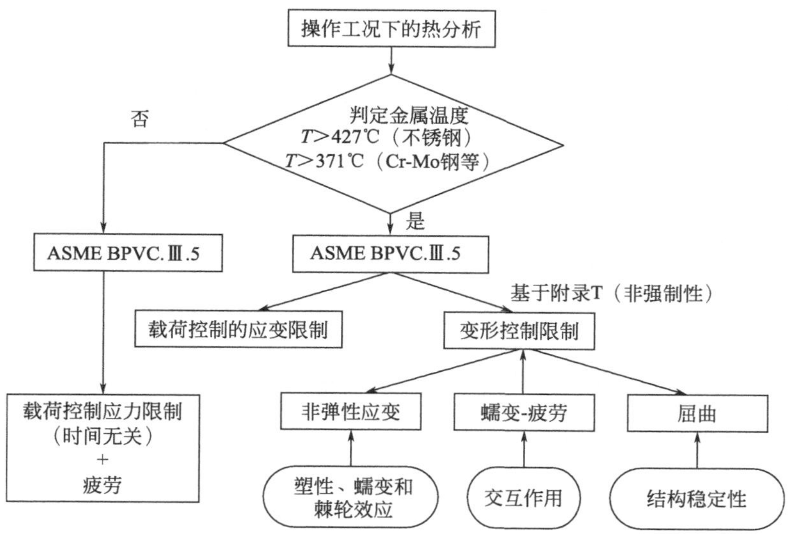

图 6-3　ASME 标准面向失效模式的设计一般流程（以核设备为例）

附录 设计条件图

容器设计条件图

编号		共 页	第 页

设备名称	名称（自动填写）	设备内径		工程项目	
设备图号	图号（自动填写）	设备形式		工程号	

设计参数及要求

		容器内			
工作介质	名称		催化剂容积 m^3		
			催化剂密度 kg/m^3		
	组分		基本风压 Pa		
	密度 kg/m^3		地震基本烈度		
	特征		环境温度 ℃		
	燃点或毒性		场地类别		
	黏度		操作方式		
			保温材料	名称	
设计压力 MPa				厚度 mm	
工作压力 MPa				容重 kg/m^3	
安全装置	位置		密封要求		
	形式		液面计		
	规格		紧急切断		
	数量		除静电		
	开启压力 MPa		热处理		
	爆破片		安装检修要求		
	爆破压力 MPa		设计寿命 年		15
设计温度 ℃			设计规范		GB/T 150.1～150.4—2011
工作温度 ℃			其他要求		
壁温 ℃					
推荐材料	筒体				
	内件				
	衬里				
传热面积 m^2			说明：		
腐蚀裕量 mm					
腐蚀速率					
全容积 m^3					
充装系数					
操作容积 m^3					

管口表

符号	公称尺寸	公称压力	连接尺寸标准	连接面形式	用途

修改标记	修改内容	签字	日期

委托设计单位			（盖章、日期）
委托设计单位代表签字			年 月 日
设计单位代表签字			年 月 日
校核	年 月 日	审核	年 月 日

简图：

换热器设计条件图

编号		共 页	第 页

设备名称	名称（自动填写）	设备内径		工程项目	
设备图号	图号（自动填写）	设备形式		工 程 号	

设计参数及要求

		壳程	管程		
				环境温度 ℃	
工作介质	名称			壳体温度 ℃	
	组分			平均温差 ℃	
	密度 kg/m^3			总传热量 J/h	
	特征			传热系数 W/(m^2·K)	
	黏度			总传热系数 W/(m^2·K)	
	流量			污垢热阻 m^2·℃/W	
				传热面积 m^3	
设计压力 MPa				安装检修要求	
工作压力 MPa				设计寿命 年	
设计温度（进/出）℃				设计规范	
工作温度（进/出）℃				其他要求	
程数					
腐蚀速率					
腐蚀裕量 mm					

推荐性材料和规格		
	壳体	
	换热管	
	换热管规格 mm	
	换热管根数	
	排列型式	
	管板材料	
	换热中心距 mm	
	折流板数量	
	间距 mm	
	缺边位置和高度 mm	

保温材料		
	名称	
	厚度 mm	
	容重 kg/m^3	

说明：

管 口 表

符号	公称尺寸	公称压力	连接尺寸标准	连接面形式	用途

修改标记	修改内容	签字	日期

委托设计单位	（盖章、日期）
委托设计单位代表签字	年 月 日
设计单位代表签字	年 月 日

校核	年 月 日	审核	年 月 日

简图：

塔器设计条件图

编号	
共　页	第　页

设备名称	名称（自动填写）	设备内径		工程项目	
设备图号	图号（自动填写）	设备形式		工 程 号	

设计参数及要求

		塔 顶	塔 底			
工作介质	名称			基本风压 MPa		
	组分			地震基本烈度		
	密度 kg/m^3			场地类别		
	特征			操作方式		
	黏度			安装检修要求		
	气量			设计寿命　年		
	喷淋量			设计规范		
设计压力 MPa				保温材料	名称	
工作压力 MPa					厚度	
					容量	
安全装置	位置			其他要求		
	形式					
	规格					
	数量					
	开启压力 MPa					
	爆破片 爆破压力 MPa					
设计温度 ℃				说明：		
工作温度 ℃						
壳体材料						
内件材料						
腐蚀裕量						
腐蚀速率						
塔板	塔板数量					
	塔板间距					
	浮阀（泡罩）个数×间距					
填料	型式					
	规格					
	容积/密度					
	堆集方式					

管 口 表

符号	公称尺寸	公称压力	连接尺寸标准	连接面形式	用途

修改标记	修改内容	签字	日期

委托设计单位	（盖章、日期）
委托设计单位代表签字	年 月 日
设计单位代表签字	年 月 日

校核	年 月 日	审核	年 月 日

简图：

搅拌器设计条件图

编　号	
共　页	第　页

设备名称	名称（自动填写）	设备内径		工程项目	
设备图号	图号（自动填写）	设备形式		工程号	

符号		设备内	夹套内
工作介质	名称		
	组分		
	密度 kg/m^3		
	特征		
	黏度		
设计压力 MPa			
工作压力 MPa			
安全装置	位置		
	形式		
	规格		
	数量		
	开启压力 MPa		
	爆破片 爆破压力 MPa		
设计温度 ℃			
工作温度 ℃			
壁温 ℃			
推荐材料			
腐蚀速率			
腐蚀裕量 mm			
夹套有无保温层			
保温材料及厚度			
全容积 m^3			
操作容积 m^3			
传热面积 m^2			

搅拌装置	搅拌器型式	
	搅拌轴转向 转速 r/min	
	电机功率 kW	
	电机型号	
	安装方式	悬挂式 □ 有底轴承 □ 底搅拌 □
密封要求		
安装检修要求		
设计寿命 年		
设计规格		
其他要求		

说明：

管 口 表

公称尺寸	公称压力	连接尺寸标准	连接面形式	用途	用途

修改标记	修改内容	签字	日期

委托设计单位	（盖章、日期）		
委托设计单位代表签字	年 月 日		
设计单位代表签字	年 月 日		
校核	年 月 日	审核	年 月 日

简图：

参考文献

[1] 涂善东. 过程装备与控制工程概论 [M]. 北京：化学工业出版社，2009.

[2] 郑津洋，桑芝富. 过程设备设计 [M]. 5 版. 北京：化学工业出版社，2020.

[3] 陈学东，崔军，章小浒，等. 我国压力容器设计、制造和维护十年回顾与展望 [J]. 压力容器，2012，29 (12)：1-23.

[4] 戚国胜，段瑞. 压力容器工程师设计指南 [M]. 2 版. 北京：中国石化出版社，2018.

[5] 王志文，关凯书. 过程设备失效分析 [M]. 北京：化学工业出版社，2016.

[6] 喻健良，王立业，刁玉玮. 化工设备机械基础 [M]. 大连：大连理工大学出版社，2013.

[7] 程真喜. 压力容器材料及选用 [M]. 2 版. 北京：化学工业出版社，2016.

[8] 陈旭. 过程装备力学基础 [M]. 2 版. 北京：化学工业出版社，2007.

[9] 王志文，蔡仁良. 化工容器设计 [M]. 2 版. 北京：化学工业出版社，2005.

[10] 贺匡国. 压力容器分析设计基础 [M]. 北京：机械工业出版社，1995.

[11] 轩福贞，宫建国. 承压设备安定性分析与设计 [M]. 北京：科学出版社，2020.

[12] 栾春远. ANSYS Workbench 在压力容器分析中的应用与技术评论 [M]. 北京：中国水利水电出版社，2021.

[13] 袁梦琦，郭泽荣. 基于数值仿真的压力容器分析设计 [M]. 北京：北京理工大学出版社，2020.

[14] 丁伯民. ASME Ⅷ压力容器规范分析修订版 [M]. 北京：化学工业出版社，2018.

[15] 栾春远. ANSYS 解读 ASME 分析设计规范与开孔补强 [M]. 北京：中国水利水电出版社，2017.

[16] 沈鋆，刘应华. 压力容器分析设计方法与工程应用 [M]. 北京：清华大学出版社，2016.

[17] 刘超锋. 过程装备计算机辅助设计 [M]. 北京：中国石化出版社，2016.

[18] 沈鋆. ASME 压力容器分析设计 [M]. 上海：华东理工大学出版社，2014.

[19] 江楠. 压力容器分析设计方法 [M]. 北京：化学工业出版社，2013.

[20] 栾春远. 压力容器 ANSYS 分析与强度计算 [M]. 北京：中国水利水电出版社，2013.

[21] 栾春远. 压力容器全模型 ANSYS 分析与强度计算新规范 [M]. 北京：中国水利水电出版社，2012.

[22] 泽曼，拉舍尔，辛德勒. 压力容器分析设计——直接法 [M]. 苏文献，刘应华，马宁，等译. 北京：化学工业出版社，2010.

[23] 中国石化集团上海工程有限公司. 承压容器 [M]. 北京：化学工业出版社，2008.

[24] 詹友刚. Creo1.0 机械设计教程 [M]. 北京：机械工业出版社，2012.

[25] 余伟伟，高炳军. ANSYS 在机械与化工装备中的应用 [M]. 2 版. 北京：中国水利水电出版社，2007.

[26] 周昌玉，贺小华. 有限元分析的基本方法及工程应用 [M]. 北京：化学工业出版社，2006.

[27] 王泽军. 锅炉结构有限元分析 [M]. 北京：化学工业出版社，2005.

[28] 陆明万，寿比南，杨国义. 压力容器分析设计的塑性分析方法 [J]. 压力容器，2011，28 (01)：33-39.

[29] 刘威，李涛，郑津洋，等. 超高压容器规范标准最新进展 [J]. 压力容器，2014，31 (12)：47-54.

[30] 陈志伟，李涛，杨国义，等. GB/T 34019—2017《超高压容器》标准分析 [J]. 压力容器，2019，36 (04)：46-51.

[31] 王志文，惠虎，关凯书，等. 对中国压力容器分析设计标准的发展展望 [J]. 压力容器，2013，30 (03)：37-44.

[32] 陈永东，陈学东. 我国大型换热器的技术进展 [J]. 机械工程学报，2013，49 (10)：134-143.

[33] 章为民，陆明万，张如一. 确定实际极限载荷的零曲率准则 [J]. 固体力学学报，1989 (2)：56-64.

[34] 陈定方，卢全国. 现代设计理论与方法 [M]. 武汉：华中科技大学出版社，2010.

[35] 陈屹，谢华. 现代设计方法及其应用 [M]. 北京：国防工业出版社，2004.

[36] 张鄂. 现代设计方法 [M]. 北京：高等教育出版社，2013.

[37] 张云杰，等. Creo Parametric 1.0 中文版从入门到精通 [M]. 北京：电子工业出版社，2012.

[38] Chen H F. Linear Matching Method for Design Limits in Plasticity [J]. Tech Science Press，2010，20 (2)：159-183.

[39] Dewees D J，Hantz B F. Review and Development of Primary Load Elevated Temperature Design Rules [C] //Proceeding of the Asme 2014 Pressure Vessels and Piping Conference，2014 (1).

[40] Staat M，Heitzer M，Lang H，et al. Direct Finite Element Route for Design-by-Analysis of Pressure Components [J]. International Journal of Pressure Vessels and Piping，2005，82 (1)：61-67.